조선시대 산학자 남병길의

上

산학정의 算學正義

의녕 남병길 편찬
합천 이상혁 교정
박영식 • 최길남 번역

KYOWOOSA 교우사

역자 서문

수학은 그 시대의 정치, 경제, 종교 등과는 밀접한 관계를 가지고 있다. 한국의 전통사회에서는 근대에 이르기까지 과학체계가 천문학과 수학이 그 주류를 이루고 있다. 과학은 왕권의 보호아래 육성되어 소위 관영과학(官營科學)으로써 정치사상과 깊은 관계가 있었고 정치권력의 새로운 변화에 따라서 수학도 새로운 풍토가 조성되어 주로 왕권 아래에서 산학(算學)이 존재했음이 한국 수학사의 하나의 특징이라 본다.

산학제도가 정립된 것은 통일 신라 시대부터이며 조선조 세종이 혁신정치를 할 때 정치, 행정상의 필요에 의해 산학에 대한 수요가 늘어나게 되었다. 세종실록(25년 11월 17일)에서 "산학은 비록 술수(術數)에 불과하지만, 국가 경영에 필수적인 기술이다. 역대 왕조가 모두 산학을 중요시 한 것은 이 때문이다. 최근 농지를 등급별로 측량하는데 이순지(李純之), 김담(金淡) 등의 활약이 없었다면 그 셈을 능히 할 수 있었을까, 널리 산학을 익히게 하는 방안을 강구하라" 는 세종의 훈유(訓諭)는 산학의 요구가 그 당시에 얼마나 절실했는가를 말해준다. 세종 13년에는 통사(通事)중에서 재능이 있는 사역원(司譯院)의 주부(注簿) 두 사람을 선발하여 수학 연구차 중국에 유학시키고 정인지로부터 왕 스스로 『산학계몽(算學啓蒙)』[1]의 강의를 받는 등 왕 자신이 앞장서서 산학에 접근함으로써 궁중의 고급 관리들이 산학을 중히 여기는 풍조가 일어났다. 이로 인해 말단의 잡직(雜職)으로 멸시 당했던 산사(算士)의 사기가 높아졌다. 세조 대에는 산학의 관제가 더욱 정비되어 산학박사 대신에 다음과 같은 관직을 두었다. 산학교수(算學敎授)(從六品) 1명, 별제(別提)(從六品) 2명, 산사(算士)(從七品) 1명, 계사(計士)(從八品) 2명, 산학훈도(算學訓導) (正九品) 1명으로 이 제도는 『경국대전(經國大典)』에 그대로 반영되었다.

16세기 후반으로부터 약 300년간에 걸친 실학파의 계몽운동, 즉 유학 이데올로기에 대한 비판, 관료제의 개혁안, 사회정책, 국학, 과학기술의 소개 등 많은 다양한 영역에 걸쳐 새로운 시대 사조의 흐름이 있었다. 18세기 영조(1725–1776), 정조(1776–1800)시대를 맞아 적극적인 과학기술의 정책으로 역학, 산학, 의학의 기술관료를 대폭 증원하였다. 이러한 시대적 환경과 필요성에 따라 중인 산학자들 사이에서 의욕적인 수학 연구 및 수학자 스스로의 수학상의 저술활동이 활발하였으며, 사대부 수학과 중인 수학의 합류와 공동연구 및 저술활동이 이루어졌고, 유럽 수학에의 접근 및 한국 수학의 독자적인 발전을 했다.

산학자들 중 사대부인 남병길(南秉吉)과 중인인 이상혁(李尙爀)의 공동연구 및 저술활동은 한국수학사의 중요한 부분이다. 이에 그들의 생애와 저술을 살펴보면 다음과 같다.

남병길(南秉吉 後名 相吉)은 순조20년(1820년) 3월 6일 서울 교동에서 남구순(南久淳)의 둘째 아들로 태어났으며, 본관은 의령(宜寧), 字는 자상(子裳) 또는 원상(元裳), 號는 육일제(六一齊) 또는 만서제

---

1) 주세걸(朱世傑)의 『산학계몽』 上中下 3권에는 대덕(大德) 3년(1299)에 씌어진 조성(趙城)의 序文이 있으며, 이 3권을 20부분으로 나누고 다시 259문의 산예(算例)를 다루고 있다.

(晩書齊)이다. 형 병철(秉哲)과 함께 김문정(金文貞)에게서 한학(漢學)을 배웠으며. 특히 산학(算學)과 천문학(天文學)에 관심을 가졌다.

1848년(29세) 증광(增廣)문과에 급제하고, 승문원(承文院)[2]에 봉직되었다.

1849년(30세) 홍문관(弘文館)의 수선과 부수선에 이르렀다.

1851년(32세) 평안남도 성천부사(成川府使)가 되었다.

1857년(38세) 개성부(開城府) 유수(留守)[3]로 임명되었다.

1859년(40세) 도승지(都承旨)[4]와 관상감제조(觀象監提調)[5]를 겸직하였다.

1861년(42세) 형조판서(刑曹判書)와 승문원제조(承文院提調)를 겸직하였다.

1862년(43세) 의정부(議政府) 좌참찬(左參贊)과 내의원제조(內醫院提調)[6]를 겸직하였다.

1865년(46세) 춘추관사(春秋館事)[7]와 사독원제조(司讀院提調)[8]를 겸직하였다.

---

2) 외교에 관계되는 문서를 맡아보던 관청

3) 황해도 개성은 수도 이외의 요긴한 곳으로 임금의 총애를 받는 사람을 임명하는 특수 외관직

4) 정3품으로 승정원에서 왕명의 출납을 맡아봄

5) 천문, 지리, 역수, 측후 등의 사무를 보던 관청

6) 궁중의 의료를 맡아보던 관청

7) 사정 기록을 맡아보던 관청

8) 외국어 번역과 통역을 맡은 관청

1866년(47세) 예조판서(禮曹判書)로 임명되었다.

1868년(49세) 교정당상(校正堂上)으로 임명되었다.

1869년(50세) 정월에 이조판서(吏曹判書)로 임명되었으나 병이 심하여 스스로 상소하여 해임되었으며, 6월11일 유시(酉時) 안현(安峴) 자택에서 별세하였다.

남병길은 장수(長壽)하지는 못했으나 그가 남긴 천문학 및 수학에 관한 저술은 실로 방대하다. 천문학에 관한 것으로는 『시절기요(時節紀要)』, 『성경(星鏡)』, 『추보첩례(推步捷例)』, 『성도의도설(星度儀圖說)』, 『중성신표(中星新表)』, 『항성출중입표(恒星出中入表)』, 『태양실루표(太陽實漏表)』, 『춘추일식고(春秋日食攷)』, 등이 있고, 측량술과 수학에 관한 것으로는 『양도의도설(量度儀圖說)』, 『측량도해(測量圖解)』, 『구고술도요해(勾股述圖要解)』, 『무이해(無異解)』, 『산학정의(算學正義)』, 『구장술해(九章述解)』, 『집고연단(輯古演段)』, 『옥감세초상해(玉鑑細草詳解)』 등이 있다.

남병길의 수학상의 공동 연구자인 이상혁(李尙爀)은 중인 출신의 산학자이다. 따라서 그에 관한 기록은 〈주학입격안(籌學入格安)〉에 실린 다음 기사 이외에는 일체 보이지 않는다.

李尙爀
初名尙赫, 字 志叟, 庚午(1810)生
別提, 雲科正
陜川人
父計士秉喆, 祖計士晩求, 曾祖籌別提鼎祥, 外祖醫科正卞重觀, 本密陽, 妻父韓應諴, 本清州, 後妻父譯前啣 韓範五, 本新平

즉, 산학의 고시에 급제한 다음 書雲正, 그러니까 曆算을 다루는 천문관리직에 있었고 남병길보다는 10세 연상이었다는 정도의 인적 사항 밖에는 그에 관해서 알려진 것이 없다.

이상혁의 저서 가운데 현재까지 알려진 것으로는 천문학서에 『규일고(揆日考)』(철종 원년, 1850년), 수학서에 『익산(翼算)』, 『차근방몽구(借根方蒙求)』(철종 5년, 1854년), 『산술관견(算術管見)』(철종 6년, 1855년) 등이 있다. 이상혁의 저서의 서문은 남병길이 주로 쓰고, 남병길의 저서의 서문은 이상혁이 썼다. 그 한 예를 보면, 『양도의도설(量度儀圖說)』 서문에서 이상혁은 "그 의기(儀器)의 용도에 따라 이전하면 천지의 고대(高大)함과 일월의 운행함이 요연하지 않음이 없으니, 일도(一圖)를 매산(每算)하는데 비교하면 더욱 간단한 것이다. 나는 고루과문(固陋寡聞)해서 널리 동지를 구하였으나 아직 가히 더불어 말할만한 자가 없었는데 공의 여사(餘事)로 쓴 이 책에 우목(寓目)을 하니 그 독창적인 견해와 초월한 조예가 이와 같으니 어찌 천생(天生)한 재지(才智)가 아니면 능할 수 있을까. 그래도 공(公)에게는 하나의 유예(遊藝)의 일단에 불과한 것이다."라고 하여 그의 공로를 극찬하였다.

이렇게 사대부의 저술에 中人 출신자의 권두언(卷頭言)을 실은 것은 전통사회의 상식에서 크게 벗어난 태도로서 수학 그 자체에 대한 저자의 순수한 열의를 반영한 것으로 풀이해도 좋을 것이다.[9)]

이들의 공동저서들 중의 하나인 산학정의(算學正義)는 남병길 저, 이상혁 교정인 수학책으로, 저자인 남병길(南秉吉)이 서문(序文)에 "정묘하(丁卯夏)에 쓰다"라고 되어 있으므로 1867년(高宗 4년)에 완

---

9) 한국수학사, 김용운, 김용국 공저, 열화당, 1982, pp.263-276

성되어서 목주자(木鑄字)로 간행된 것으로 상·중·하 3편으로 나누어져 있으며 목차(目次)는 다음과 같다.

- 상편(上篇)

  도량형(度量衡), 잡율(雜率), 가법(加法), 감법(減法), 승법(乘法), 제법(除法) 명분법(命分法). 약분법(約分法), 통분법(通分法), 개평방법(開平方法), 대종평방법(帶縱平方法), 개입방법(開立方法), 대종입방법(帶縱立方法), 제승방법(諸乘方法), 구고율(勾股率), 각면율(各面率), 각체율(各體率), 퇴타율(堆垜率)

- 중편(中篇)

  이승동제(異乘同除), 동승이제(同乘異除), 동승동제(同乘同除), 안분체절차분(按分遞折差分), 안수가감차분(按數加減差分), 화수차분(和數差分), 교수차분(較數差分), 화교차분(和較差分), 영육(盈朒), 차징(借徵), 방정(方程)

- 하편(下篇)

  측량(測量), 천원일(天元一), 다원(多元), 대연(大衍)

본 번역서의 구성은 정의에 따른 개념을 설명하면서 실생활의 예들을 제시하였으며 예문(문제)은 「今有~幾何(문제), 答曰(답), 法以~(해법)」의 3단계 형식으로 구성되었고, 특히 해법에서는 기하학적 방법을 별해 형식으로 다루고 있다.

번역은 의역보다는 가능한 원문에 충실하도록 표현하였으며 내용에 관한 산법은 여러 가지 알고리즘을 토대로 「주」에 수록하였고 본

문에 있는 문제(예문)들을 편의상 목차의 번호에 따라 일련번호 순으로 작성하여 일목요연하게 구성하였으며 원문의 내용을 부호「 」안에 수록한 후 번역하였다. 이 책은 울산대학교 자연과학 논문집에 발표된 논문을 정리하여 2005년 2월에 울산대학교 출판부(UUP)에서 출간한『산학정의 상편』을 각면율(各面率), 각체율(各體率) 및 퇴타율(堆垜率)을 증보하고 수정한 것이다.

끝으로 이 책이 나오기까지 출판 승낙과 격려를 해 주신 오판근 교우사 사장님께 감사드리며 앞으로 여러 사람들의 고견과 충고를 바랍니다.

2015년 1월

박영식·최길남

차례

1 산학정의 서문

算學正義序

「夫算居六藝之一而學者之所不可忽也古之算書簡而能賅通而不黷然理奧術隱辭高旨遠後生蒙士不能端倪而究其源矣余於養痾之餘采輯諸書李君志叟釐正編修彙成一書曰算學正義發凡起例條分類析庶使後學開卷一覽易曉古人立法之意焉盖數者近察毫釐遠測杳茫錙銖尺寸末之或差令人開心長智觸類旁通而措之於天下萬物日用事爲之間了然不惑者皆籍於是則大學所謂格致之極功亦豈外於數哉余於是事非曰能之用是自修又勸來許云爾丁卯夏自序」

算이란 六藝[1]의 하나로서 배우는 사람은 소홀히 해서는 아니 된다. 옛날의 算書는 간결하여 알기 쉬워 흐리지 않았으나 理는 오묘하고 術은 숨겨져 있어, 말은 고상하고 뜻은 멀리 있어, 後生인 어린 선비가 그 근원을 끝까지 窮究하지 못하였다. 이에 나는 병을 요양하면서 그 남는 시간에 여러 가지 책을 채집하였고 李君 志叟가 꼼꼼히 바르게 고쳐 編修하여 한 권의 책으로 모아 만들어 『算學正義』라 하고 무릇 例와 條를 세워 분류하고 분석하여 다음에 後學들이 책을 펴서 한번 보면 옛사람들이 法을 세운 뜻을 쉽게 깨달을 수 있

---

1) 六藝는 禮, 樂, 射, 御, 書, 數를 일컬음.

게 했는데, 대체로 數라는 것은 가깝게는 毫釐까지도 살피고, 멀게는 渺茫함을 측량하는 것이니 錙銖와 尺寸처럼 혹시나 그 차를 알지 못할 때, 사람으로 하여금 마음이 열리고 지혜가 커져서 여러 종류에 접하면 널리 곁에 까지 통하니, 그것을 천하만물에 적용하여 날마다 써서 일을 하면 마무리되고, 의혹 되지 않는 것은 여기서 빌리자면 大學에서 이른바 格致[2]의 극에 대한 공이 또한 數말고 있겠는가?

내가 이 일에 있어서 능하다고 말하지 않겠으나 이것을 이용하여나 스스로를 닦고 또한 오는 이에게 권한다고나 할까.

정묘 여름에 스스로 서문을 적다.

---

2) 格致는 格物致知의 줄인말.

2 산학정의 제강

算學正義提綱

「名義定率卽必需之資而加減乘除爲學算之門戶苟未練熟不可以語算故度量衡居其首雜率次之加減乘除通分開方諸法又次之而勾股及面體堆垜雖費探賾之工亦係定率故以之殿焉皆算之法也上篇專論立法比例爲用算之綱領而錯糅互雜高深廣遠御之稍難故異乘同除居其首各種差分盈朒方程次之測量諸術又次之而立元及大衍則算家之極致故以之殿焉皆算之理也中下編專論明理譬諸文字立法則音釋平仄而至於勾股以下汎濫於作家矣明理則章勾述而立元殆筆墨之化境也歟」

率의 이름과 뜻을 정하는 것은 반드시 수요에 이바지하는 것이고 加減乘除는 算을 배우는 門戶이니 참으로 연마하여 능숙하지 못하면 算을 한다고 말하는 것은 불가하므로, 度量衡을 그 첫머리에 두고 雜率은 그 다음에 두어 가감승제와 通分, 開方 등 여러 법칙은 또 그 다음에 하고 勾股, 面體와 堆垜는 비록 깊고 깊은 이치를 탐구하는 기술을 얻는데 쓰이나 또한 率을 정하는 것과 관련된 것이므로 뒤에다 한 것이지만 모두다 算의 법칙이다.

上篇은 오로지 법칙을 세우는 것을 논한 것으로 비례를 산학의 강령으로 삼았고 錯糅와 互雜으로 높고, 깊고, 넓고, 먼 것을 취급하기에 조금 어려우므로 異乘同除는 그 첫머리에 두고, 여러 종류의 差分과 盈朒과 方程은 다음에 하였고, 측량하는 모든 기술은 또 그 다음에 했는데 元을 세워 大衍까지가 算家의 극치이므로 그것을 뒤에다 한 것이지만, 모두다 算의 이치이다. 中, 下編은 오로지 明理를 논한 것인데 여러 文字에다 비유하자면 법을 세우면 音이 平仄으로 풀리듯이 勾股 以下에 이름이 작가에게 범람한 것으로, 이치가 밝아지면 章句의 서술은 元이 세워져 자못 筆墨의 변화는 境地가 될 것인져.

3 도량형(度量衡)

「度量衡之名義歷代沿革古今不同入算之際取其大同而已

度起於忽蠶吐絲一云蜘蛛網絲十忽毫十絲氂十豪[1]分十氂一云十馬尾寸十分尺十寸丈十尺引十丈端五丈匹四丈俗用三丈五尺

量起於粟一粟粒圭六粟一云十粟撮十圭一云六十四黍抄十撮一云四圭勺十抄合十勺升十合斗十升斛十斗石一斛俗用官石十五斗市石十二斗稻以二十斗爲石

衡起於黍子穀秬黍累十黍銖十累兩二十四銖又云十錢錢十分分以下與度法同斤十六兩觔二鍰四兩鈞三十斤觔二秤石四鈞又云一百二十斤

度量衡單位以上則曰十百千萬億萬萬或十萬兆京垓秭穰溝澗正載極恒河沙阿僧祇那由佗不可思議無量數以上以萬遞進單位以下則曰分氂毫絲忽微纖沙塵埃渺漠糢[2]糊逡巡須臾瞬息彈指刹那六德虛空清淨以上以十遞進

---

1) 豪는 毫의 誤字인 듯함

2) 糢는 模의 俗字임

錢法文亦稱分十文亦稱錢百文亦稱兩或稱緡貫千文以上稱十百與度量衡同

曆法宮三十度度六十分以下皆以六十遞析分抄[3]微纖忽芒塵又有日十二時又爲二十四小時時八刻又以小時爲四刻刻十五分分以下與前同

田法頃百畝畝積二百四十步[4]步六尺或五尺倍跬爲步跬一擧足也分積二十四步

里法三百步或以三百六十步爲一里計一百八十丈古稱在天一度在地二百五十里今尺驗之在地二百里盖古尺得今尺十分之八

度之異名堵方丈[5]雉三堵卽長三丈高一丈仞四尺一云八尺或七尺尋倍仞常倍尋墨五尺丈倍墨端倍丈兩倍端疋倍兩束疋百量之異名豆四升一云一手之盛爲溢兩手爲掬掬四爲豆區四豆鬴四區卽六斗四升鍾十鬴庾十六斗秉十六斛藪釜二有半釜俗鬴字缶藪二有半衡之異名捷兩有半擧倍捷鏘倍擧鏘爲之鍰衡十斤秤衡有半鼓四石數之異名中半二分之一少半三分之一太半三分之二弱半四分之一强半四分之三和相併數較相減數積相乘數羃自乘數」

---

3) 抄는 秒의 誤字인 듯함

4) 積二百四十步에서 步의 단위는 길이가 아니라 면적임을 말한다. 여기서 步는 步의 自乘을 뜻한다.

5) 1堵는 1丈×1丈을 뜻한다.

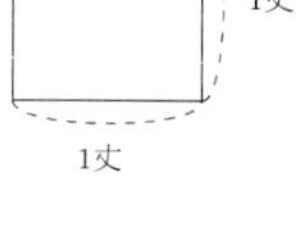

도량형의 명의(名義)는 역대의 연혁을 보면 옛날과 지금이 다르지만 계산을 할 때는 그 같음만을 취할 뿐이다.

도(度, 길이)는 홀(忽, 누에가 토하는 실, 한편으로 지주망(蜘蛛網)이라고도 함)에서 일으키는 것으로 사(絲)는 10홀이고, 호(毫)는 10사, 리(氂)는 10호, 분(分)은 10리인데 일설에는 10마미(馬尾)라고도 하며, 촌(寸)은 10분, 척(尺)은 10촌, 장(丈)은 10척, 인(引)은 10장, 단(端)은 5장, 필(匹)은 4장이고 속(俗)으로는 3장5척으로도 쓴다.

양(量)은 속(粟)에서 일으키는데 곡식 낱알을 속(粟), 규(圭)는 6속 또는 10속이고, 촬(撮)은 10규 또는 64서(黍)이고, 초(抄)는 10촬 또는 4규, 작(勺)은 10초, 홉(合)은 10작, 승(升, 되)은 10홉, 두(斗, 말)는 10승, 곡(斛, 섬)은 10두, 석(石, 섬)은 1곡 또는 俗用으로 官石은 15두, 시중에서는 12두, 도(稻, 벼)는 20두를 석(섬)이라 한다.

형(衡)은 서(黍)에서 일으키는데 검은 기장 낱알 한 개를 서(黍)라 하고, 루(累)는 10서, 수(銖)는 10루, 양(兩)은 24수 또는 10전(錢), 전(錢)은 10분(分, 푼)이고 분 이하는 도법(度法)과 동일하다. 근(斤)은 16냥 즉 2환(鍰)4냥, 균(鈞)은 30근 즉 2칭(秤), 석(石)은 4균 또는 120근이다.

도량형의 단위(즉 1) 이상은 십(十), 백(百), 천(千), 만(萬), 억(億)(萬萬 혹은 十萬), 조(兆), 경(京), 해(垓), 자(秭), 양(穰), 구(溝), 간(澗), 정(正), 재(載), 극(極), 항하사(恒河沙), 아승지(阿僧祇), 나유타(那由佗), 불가사의(不可思議), 무량수(無量數)로서 이상은 萬에서 바꾸어 나아간다.

단위 이하는 분(分), 리(氂), 호(毫), 사(絲), 홀(忽), 미(微), 섬(纖), 사(沙), 진(塵), 애(埃), 묘(渺), 막(漠), 모호(模糊), 준순(逡巡), 수유(須臾), 순식(瞬息), 탄지(彈指), 찰나(刹那), 육덕(六德), 허공(虛空),

청정(淸淨)으로서 이상은 십진으로 나누어진다.

전법(錢法)은 문(文)으로 칭하는데 분(分, 푼)이라고도 한다. 10문은 전(錢)이라 칭하고, 100문을 양(兩) 또는 민(緡)이라 하고, 관(貫)은 1000문이고, 그 이상 십, 백을 칭할 때는 도량형과 동일하다.

역법(曆法)은 궁(宮)은 30도(度), 도(度)는 60분(分)이고, 이하는 모두 60진법으로 한다. 분(分), 초(秒), 미(微), 섬(纖), 홀(忽), 망(芒), 진(塵)이고, 하루는 12시(時)이고, 24시(時)는 소시(小時)라 한다. 시(時)는 8각(刻)인데 소시는 4각(刻)이 되고, 각(刻)은 15분(分), 분(分) 이하는 앞과 같다.

전법(田法)은 경(頃)은 100무(畝), 무(畝)는 240보(步), 보(步)는 6척(尺) 혹은 5척이다. 규(跬)를 배(倍)로 하면 보(步)가 되고, 규(跬)는 발을 한번 들어 옮긴 것이고, 분(分)은 24보(步)이다.

이법(里法)은 300보(步)나 혹은 360보를 1리(里)라 하는데 계산해 보면 180장(丈)이다. 옛말에 이르기를 하늘의 1도(度)가 땅에서는 250리(里)인데 오늘날의 자로서 시험해 보면 200리이므로 대체로 옛날의 자는 지금의 자의 10분의 8임을 알 수 있다.

도(度)의 다른 이름에는 도(堵)라는 것이 있는데 방(方)이 장(丈)인 것을 말한다. 치(雉)는 3도(度) 즉 장(長)이 3장(丈), 고(高)가 1장(丈)이고, 인(仞)은 4척(尺) 또는 8척, 또는 7척을 말하며, 심(尋)은 인의 배(倍)이고, 상(常)은 심의 배이고, 묵(墨)은 5척, 장(丈)은 묵의 배이고, 단(端)은 장의 배이고, 양(兩)은 단의 배이고, 필(疋)은 양의 배이고, 속(束)은 100필이다.

양(量)의 다른 이름으로 두(豆)는 4승(升)이고, 한 손에 담은 것을 일(溢)이라 하고, 양손에 담으면 국(掬)이라 하고, 4국을 두(豆)라 한다. 구(區)는 4두이고, 부(釜)는 4구이니, 즉 6두(斗)4승(升)이고 종

(鐘)은 10부이고 유(庾)는 16두(斗), 병(秉)은 16곡(斛), 수(藪)는 2부(釜)반(半)인데 부(釜)는 부(鬴)자(字)의 속칭이다. 부(缶)는 2수(藪)반(半)이다.

형(衡)의 다른 이름으로 첩(捷)은 1냥(兩)반(半)이고, 거(擧)는 첩의 배(倍)이고, 장(鏘)은 거의 배로서 장을 환(鍰)이라고도 한다. 형(衡)은 10근(斤)이고, 칭(秤)은 1형(衡)반(半)이고, 고(鼓)는 4석(石)이다.

수(數)의 다른 이름으로 중반(中半)은 2분의 1, 소반(少半)은 3분의 1, 태반(太半)은 3분의 2, 약반(弱半)은 4분의 1, 강반(强半)은 4분의 3이다. 화(和)란 덧셈, 교(較)란 뺄셈, 적(積)이란 곱셈, 멱(冪)이란 (스스로 乘한) 제곱셈이다.

4 잡율(雜率)

「率者法也相當之物皆有常數故御之有定法也

粟率[1]一百則糲米六十粺米五十四鑿米四十八御米四十二小麥商二十七大麥商一百八糲飯一百五十粺飯一百八鑿飯九十六御飯八十四菽荅麻麥各九十稻一百二十豉一百二十六飧一百八十熟菽二百七糵三百五十

斛率一千五百六十二寸半卽容十斗之積也

聚粟高率平地爲下周十分之一倚壁爲下周五分之一內角爲下周二分半之一外角爲下周七分半之一

穿地四卽坑深也則壤息土爲五堅築土爲三假令同長同闊而高有差率也

設正方一寸積一千分之重赤金十六兩八錢紋銀九錢水銀十二兩二錢八分紅銅七兩五錢白銅六兩九錢八分黃銅六兩八錢銅六兩七錢三分生鐵六兩七錢熟鐵六兩七錢三分高錫六兩三錢六錫七兩六錢倭鉛六兩黑鉛九兩九錢三分白玉二兩六錢金箔八錢白瑪瑙二兩三錢紅瑪瑙二兩二錢硨磲一兩五錢二分青石二兩八錢八分白石二兩五錢紅石二兩五錢六分象牙一兩五錢四分牛角一兩九錢沉香八錢二分白檀八錢三分紫檀二兩零二分花梨八錢七分楠木四錢八分黃楊七錢五分烏木一兩一錢油八錢三分水九錢三分」

---

1) 粟率은 粟米와 같다. 『九章算術』에는 기준인 粟米를 50으로 하여 환산했으나 『算學正義』에서는 이를 100으로 하여 환산하고 있다.

율(率)이란 법인데 서로 비교하는 것에는 모두 상수(常數)가 있으므로 그것을 취급함에 있어 법으로 정한다.

속율(粟率, 조)이 100이면 여미(糲米, 메조미쌀, 현미)는 60, 패미(粺米, 고른 쌀)는 54, 착미(糳米, 정한 쌀)는 48, 어미(御米, 고급 쌀)는 42, 소적(小麥啇, 가는 밀)은 27, 대적(大麥啇, 굵은 밀)은 108, 여반(糲飯, 여미로 지은 밥)은 150, 패반(粺飯, 패미로 지은 밥)은 108, 착반(糳飯, 착미로 지은 밥)은 96, 어반(御飯, 어미로 지은 밥)은 84, 숙(菽, 콩), 태(荅,좀콩), 마(麻, 깨), 맥(麥, 보리)은 각 각 90, 도(稻, 벼)는 120, 시(豉, 메주)는 126, 손(飧, 엿기름의 일종)은 180, 숙숙(熟菽, 익힌 콩)은 207, 얼(糵, 누룩)은 350이다.

곡율(斛率)은 1562촌(寸)반(半)이 곧 10두(斗)의 용량을 쌓은 것이다. 곡식을 모아 높이 쌓는 비율은 평지(平地)를 아래로 한 둘레는 10분의 1이고, 의벽(倚壁)을 아래로 한 둘레는 5분의 1이고, 내각(內角)을 아래로 하면 둘레는 2분반의 1이고, 외각을 아래로 하면 둘레는 7분반의 1이다.

천지(穿地)는 4 즉 갱(坑)의 깊이를 4로 했다면 양(壤)은 식토(息土)로서 5가 되고, 견(堅)은 축토(築土)로서 3이 된다. 가령 길이도 같고 너비도 같으나 높이가 다르면 율(率)에 차(差)가 생긴다는 것이다.

사방 1촌(寸)을 설정하고, 그 면적의 1천분의 1의 무게는 적금(赤金)은 16냥 8전, 문은(紋銀)은 9전, 수은(水銀)은 12냥 2전 8분, 홍동(紅銅)은 7냥 5전, 백동(白銅)은 6냥 9전 8분, 황동(黃銅)은 6냥 8전, 동(銅)은 6냥 7전 3분이고, 생철(生鐵)은 6냥 7전, 숙철(熟鐵)은 6냥 7전 3분이고, 고석(高錫)은 6냥 3전, 육석(六錫)은 7냥 6전, 왜연(倭鉛)은 6냥, 흑연(黑鉛)은 9냥 9전 3분, 백옥(白玉)은 2냥 6전, 금박(金箔)은 8전, 백마노(白瑪瑙)는 2냥 3전, 홍마노(紅瑪瑙)는 2냥

2전, 차거(硨磲, 자개)는 1냥 5전 2분, 청석(青石)은 2냥 8전 8분, 백석(白石)은 2냥 5전, 홍석(紅石)은 2냥 5전 6분, 상아(象牙)는 1냥 5전 4분, 우각(牛角)은 1냥 9전, 침향(沉香)은 8전 2분, 백단(白檀)은 8전 3분, 자단(紫檀)은 1냥영(零)2분, 화리(花梨)는 8전 7분, 남목(楠木)은 4전8분, 황양(黃楊)은 7전 5분, 오목(烏木)은 1냥 1전, 유(油)는 8전 3분, 수(水)는 9전 3분이다.

5 가법(加法, 덧셈)

「加者有數幾宗併而合之爲一總數也應加之數按位對列萬千百十單各從其類相加得總其列位也一縱十橫百立千僵六不積算五不單張滿十進前凡算皆然」[1)]

더하는 것은 수에 있어서 어느 줄기(宗)를 합하여 하나로 하는 총수이다. 대응하여 더하는 수를 고찰하면, 자릿수인 만, 천, 백, 십, 일(단위)이 각각 그 류를 따라 서로 더하여 그 총계를 얻어서 위치에 나열하는 것이다. 일(一)은 종(縱, 세로)으로 하고, 십(十)은 횡(橫, 가로)으로 하고, 백(百)은 세우고, 천(千)은 넘어지고, 6은 적산(積算, 여섯 개를 그대로 겹쳐지게 하는 것)하지 않고, 5는 단위로 펼쳐지지 않으며(5를 산목(算木) 하나로 나타내지 않는다), 10이 되면 앞으로 나아가니 무릇 계산은 다 그러하다.

問 五-一

今有數一萬二千三百四十五與六千七百八十九相加問總數幾何

1) 계산은 算木으로 하므로 일은 l, 십은 一, 백은 l, 천은 一으로 놓아 위치를 표시한다. 6은 ┬ 로 표시하여 l l l l l l으로 나타내지 않는다는 뜻이고, 5는 l l l l l로 표시하여 하나로 나타내지 않는다는 뜻이다.

答曰一萬九千一百三十四

法以相加之數按位相對單位之五九相加得十四進十於十位單位存四又十位之四八相加得十二併所進之一爲十三復進十於百位十位存三又百位之三七相加得十併所進之一爲十一復進十於千位百位存一又千位之二六相加得八併所進之一爲九仍存千位萬位無可加仍爲一卽得總數

문제 5.1

지금 1만2천3백4십5와 6천7백8십9를 서로 더하면 총수는 얼마인가?

답 1만9천1백3십4이다.

서로 더하는 수에 관한 법은 자리를 고찰하여 일의 자릿수 5와 9를 더하여 14를 얻으면 10은 십의 자리에 나아가고, 일자리에는 4가 남고, 십의 자리의 4와 8을 더하면 12를 얻고, 따라서 1을 합하여 13이 되니 10은 백의 자리로 나아가고 십의 자리에는 3이 되고 백의 자리의 3과 7을 더하여 10을 얻고 먼저 올라온 1을 더하여 11이 되니, 다시 10의 자릿수는 천의 자리에 가고 1만 남는다. 천 자리의 2와 6을 더하면 8이 되고 올라온 1과 더하면 9가 되므로 천의 자리에 그대로 남아서, 만 자리에는 더할 것이 없으므로 1이고, 총수를 얻는다.

問 五-二

今有絹四丈五尺六寸與五丈零三寸相加問總數幾何

答曰九丈五尺九寸

此數有丈有尺有寸各從其類依上法加之得數

문제 5.2

지금 명주실 4장5척6촌과 5장 3촌을 서로 더하면 총수는 얼마인가?

답 9장5척9촌이다.

이 수는 장(丈)이 있고, 척(尺)이 있고, 촌(寸)이 있어 각기 그 류에 따라 위의 법에 의하여 더하면 답을 얻는다.

問 五-三

今有田三區一區五百九十二畝三分一區八百五十五畝九分一區七百八十二畝五分相加問總數幾何

答曰二千二百三十畝七分

法三區按位對列加之分位之三九五相加得十七進十於畝位分位存七又畝位之二五二相加得九併所進之一爲十進十於十位畝位存〇又十位之九五八相加得二十二併所進之一爲二十三進二十於百位十位存三又百位之五八七相加得二十併所進之二爲二十二進二十於千位百位存二千位本無數仍存所進之二卽得總數

문제 5.3

지금 밭이 3구역 있는데 1구역은 5백9십2무3분이고, 또 한 구역은 8백5십5무5분이고, 또 다른 한 구역은 7백8십2무5분이다. 서로 더하면 총수는 얼마인가?

답 2천2백3십무7분이다.

계산법은 3구역의 자리를 맞추어서 더하는데, 분 자리의 3, 9, 5를 서로 더하면 17을 얻는데 10은 무의 자리로 나아가고 분 자리에는 7이 남는다. 또 무의 자리는 2, 5, 2를 더하면 9를 얻고 올라온 1을 더하여 10은 십 자리로 나아가고 무 자리는 0이 남고, 또 십 자리의 9, 5, 8을 서로 더하면 22이고 1을 더하면 23으로 20은 백 자리로 나아가고 3이 십 자리에 남고, 백 자리의 5, 8, 7을 서로 더하면 20을 얻고, 2를 더하면 22이고 20은 천의 자리에 나아가고 백의 자리에는 2가 남고, 천의 자리에는 원래 수가 없으므로 올라온 2를 두면 즉 총수를 얻는다.

問 五-四

日在九宮二十度三十分二十六秒行六宮十八度二十分五十秒問到何宮度

答曰四宮八度五十一分十六秒

法每項各命兩位仍按各位對列加之秒單位六對〇無可加仍存六秒之十位二五相加得七十以六十秒進一分本位存十又分之單位〇對〇無可

加以所進之一爲單分又分之十位三二相加得五十爲本位又度之單位八對〇無可加仍存八又度之十位二一相加得三十以三十度進一宮本位存〇宮位九六相加得十五併所進之一爲十六因十二宮萬一周天去之餘四爲本位卽得所到宮度分秒

문제 5.4

태양이 9궁 20도 30분 26초에서 6궁 18도 20분 50초 갔다면 어느 궁도에 도착했는가?

답 4궁 8도 51분 16초이다.

계산법은 각 항의 두 자리 단위에 따라 각 자리를 배열하여 더한다. 초의 일 자리 6에 대하여 0은 더할 것이 없으므로 6을 그대로 두고, 초의 십 자리 2와 5를 서로 더하면 70으로 60은 1분으로 나아가고 본 자리에는 10이 남는다. 분의 자리의 일 자리는 0에 0을 더하는 것은 더할 것이 없으므로 올라온 1이 1분으로 되고, 또 분의 10 자리는 3과 2를 더하면 50을 얻으므로 본 자리에 있다. 또 도의 일 자리 8에 0은 아무 것도 더하지 않으므로 8이 남고, 도의 십 자리는 2와 1을 더하여 30을 얻으니 30도는 궁으로 나아가고 본 자리는 0이 되고, 궁의 자리 9와 6은 서로 더하면 15를 얻고 올라온 1과 더하면 16을 얻는데 12궁은 천체를 한 바퀴 돌므로 빼버리면, 4가 남아 본 자리에 있으므로, 즉 이로서 궁도분초에 이른 것이다.

6 감법(減法, 뺄셈)

「減者以小減多得其留餘也各從其類按位對列與加法同而原數本位少於減數不足減則借前位之一化十而減之」1)

감(減)이라는 것은 많은 것에서 적은 것을 빼는 것으로, 그 나머지를 얻는 것이다. 각 그 종류에 따라 가법과 같이 대응하는 열에 따라 원수(原數, 피감수)가 본 위치에서 감수보다 적어서 빼기에 부족하면 앞자리에서 빌리면 1은 10이 되므로 그것을 뺀다.

問 六-一

今有數五萬六千七百八十九內減四萬三千六百四十二問餘數幾何

答曰一萬三千一百四十七

法原數與減數按位相對單位之九減二餘七十位之八減四餘四百位之減六餘一千位之六減三餘三萬位之五減四餘一卽得餘數

1) 原數는 지금의 被減數를 뜻하며 큰 수에서 작은 수를 뺄 수는 있으나 작은 수에서 큰 수를 빼는 것은 하지 않는다. 이것은 陰數를 취급하지 않는다는 뜻이다.

문제 6.1

지금 수 5만6천7백8십9에서 4만3천6백4십2를 빼면 나머지는 얼마인가?

답 1만3천1백4십7이다.

방법은 피감수와 감수의 위치에 따라 상대하는 것을 고려하여 일 자리의 9에서 2를 빼면 7이고, 십 자리는 8에서 4를 빼면 4가 남고, 백 자리의 7에서 6을 빼면 1이 남고, 천 자리의 6에서 3을 빼면 3이 되고, 만 자리의 5에서 4를 빼면 1이 남으므로 즉 나머지를 얻게된다.

問 六-二

今有米六十五石四斗三升二合內減四十六石二斗七升三合問餘數幾何

答曰十九石一斗五升九合

法原數合位之二不足減三故借前位之一化十共十二減三餘九升位之二三升借一於合位故爲二又不足減七故借前位之一化十共十二減七餘五斗位之三四斗借一於升位故爲三減二餘一石位之五又不足減六故借前位之一化十共十五減六餘九十位之五石十位之六借一於石單位故爲五減四餘一卽得餘數

문제 6.2

지금 쌀 6십5석4두5승2홉에서 4십6석2두7승3홉을 빼면 얼마인가?

답 19석1두5승9홉이다.

방법은 피감수의 홉 자리의 수 2가 3을 빼기에는 부족하므로 앞자리의 1을 빌리면 10이 되고 12에서 3을 빼면 9가 남고, 승(升) 자리의 2는 3승에서 홉의 자리에 1을 빌려주었으므로 2가 되었다. 또 7을 빼기에 부족하므로 앞자리에서 1을 빌리면 10이 되므로 12에서 7을 빼면 5가 남고, 두(斗) 자리의 3은 4두이나 승 자리에서 1을 빌려갔으므로 3이 되었고 2를 빼니 1이 남고, 석(石)의 자리의 5는 6을 빼기에 부족하므로 앞자리의 1을 빌려 10으로 바꾸어 15에서 6을 빼니 9가 남고, 10의 자리의 5는 석의 10의 자릿수가 6이었으나 석의 일자리에 1을 빌려주어 5가 되었고 4를 빼니 1이 되어 즉 그 나머지를 얻게 된다.

問 六-三

今有庫銀十萬兩支放過五萬九千五百零三兩問存庫幾何

答曰四萬零四百九十七兩

法原數兩位之○不足減三則當借一於前位而自萬以下俱空故自十位至萬位溯上借一化十萬作九萬九千九百九十又兩位之十減三餘七十位之九對○無可減仍存九百位之九減五餘四千位之九減九恰盡萬位之九減五餘四即得存庫數

문제 6.3

지금 창고에 은(銀) 10만냥(兩)이 있는데 각 지방으로 5만9천5백3냥을 나누어주면 창고에는 얼마가 남겠는가?

답 4만 4백 9십 7냥이다.

방법은 피감수 양자리의 0은 3을 빼기에 부족하므로 마땅히 앞자리에서 1을 빌릴 것이나 만에서부터 그 이하가 모두 공(空)이므로 십자리에서부터 만 자리까지 거슬러 올라가 1을 빌려 10만은 9만9천9백9십으로 만들고, 또 양(兩)의 자리 십에서 3을 빼면 7이 남고, 십의 자리의 9에는 0이 대응되니 뺄 것이 없으므로 그대로 9가 남고, 백 자리의 9에서 5를 빼면 4가 남고, 천의 자리 9에서 9를 빼니 다 없어지고, 만의 자리 9에서 5를 빼면 4가 남아 즉 창고에 남는 수를 얻는다.

問 六-四

今有應進貢貂皮一千五百張收過九百五張次年補收四百九十五張問仍欠幾何

答曰一百張

法先以收過數及補收數用加法得總數一千四百張以減於貂皮原數卽得仍欠數

문제 6.4

지금 공물(貢物)로 담비(쪽제비)의 가죽을 보내기 위하여 1천5백장을 거두어야 하는데 이미 9백5장은 거두었고, 다음 해에 4백9십5장을 더 거두었다면 얼마나 부족한가?

답 1백장이다.

방법은 먼저 거둔 것과 다시 보충하여 걷은 것을 합하면 1천4백장을 얻게 되고, 담비의 가죽인 피감수에서 빼면 즉 아직도 부족한 수를 얻을 수 있다.

問 六-五

冬至距甲子十二日二十二時三刻零九分合朔距甲子十一日二十三時三刻十分問冬至距朔幾何

答曰二十二時三刻十四分

法分位時位皆合兩位減之原數分位之九不足減十故借刻位之一化十五分共二十四分減十分餘十四分刻位之二三刻借一於分位故爲二又不足減三故借時位之一化四刻共六刻減三刻餘三刻時位之二十一二十二時借一於刻位故爲二十一又不足減二十三故借日位之一化二十四時共四十五時減二十三時餘二十二時日位之一二日借一於時位故爲一減一恰盡十日位之一又減一恰盡卽得冬至距朔時分秒

문제 6.5

지금부터 동지(冬至)까지의 상거(相距)가 갑자(甲子)12일22시3각 9분이고 더불어 초하루까지의 상거(相距)가 갑자 11일23시3각10분이면, 동지에서 초하루까지의 상거(相距)는 얼마인가?

답 22시3각14분이다.

방법은 분(分)의 자리와 시(時)의 자리 모두 다 피감수에서 뺄 때에 분 자리의 9는 10을 빼기에 부족하므로 각(刻)의 자리의 1을 빌리면 15분이 되므로 24분에서 10분을 빼면 14분이 남고, 각 자리의 2는 3각에서 분의 자리에 1을 빌려주었으므로 2가 되었다. 또 그 2는 3을 빼기에는 부족하므로 시(時) 자리에서 1을 빌리면 4각이 되고 합하여 6각에서 3을 빼면 3이 남고, 시의 자릿수 21은 22시에서 각 자리에 1을 빌려주었으므로 21이다. 또 23을 빼기에는 부족하므로, 일(日) 자리수의 1을 빌리면 24시가 되고 합하여 45시에서 23시를 빼면 22시가 남고, 일의 자릿수는 1인데 그것은 2일에서 시의 자리에 1을 빌려주었으므로 1이 된다. 1을 빼니 다 없어지고, 일의 십 자릿수는 1이고 1을 빼니 다 없어져서 동지에서 초하루까지의 상거(相距)가 되는 시, 분, 초를 얻는다.

7 승법(乘法, 곱셈)

「乘者相加得總之義如有一數當倍之則副置相加或以二乘之得數同而屢加必煩故乘之所以立也若多倍則多次相加已煩故直用多數一乘而得若幾十幾百倍則尤難用加法也基法一數爲實一數爲法以法之尾位對列實之首位以法數乘實之首位訖法退一位又乘實之次位挨次遍乘以得總積而實數尾位命爲得數尾位實數法數尾位若空則必補足〇位計之然後命位不眩基乘之也遂位用九九數併之九九八十一八九七十二七九六十三六九五十四五九四十五四九三十六三九二十七二九十八一九九八八六十四七八五十六六八四十八五八四十四八三十二三八二十四二八十六一八八七七四十九六七四十二五七三十五四七二十八三七二十一二七十四一七七六六三十六五六三十四六二十四三六十八二六十二一六六五五二十五四五二十三五十五二五十一五五四四十六三四十二二四八一四四三三九二三六一三三二二四一二二一一一是爲九九數諸算通用」[1)]

곱하기란 서로 더하여 총합을 얻는다는 뜻으로, 가령 한 수를 배

---

1) 지금의 구구단과 다른 점은 그 순서가 거꾸로 바뀐 것이며 구구셈이라고 하는 이유는 처음 시작하는 99 81에 연유한 것이다. 1단을 포함시킨 것도 특이한 점이다.

하면 따로 두고 서로 더하거나 2승하여 얻는 수와 같다. 이로써 여러 번 더하면 반드시 번잡하므로 승(乘)이란 것이 세워진 이유이다. 만약 여러 번 배하면 즉 여러 번 차례로 서로 더하면, 반드시 번잡하므로 직접으로 여러 수를 한번 곱하면 얻게되고, 만약 몇 십 배, 몇 백 배를 하기 위하여 덧셈을 한다면 매우 어렵다.

이 계산법은 한 수를 실(實, 피승수)이라 하고, 다른 한 수를 법(法, 승수)으로 하여, 법의 끝자리에 실의 머릿수가 대응하도록 나열하여 법수로서 실의 머릿수를 곱하여 마치면 한 자리 물러서 또 실의 다음 자릿수를 곱하고 차례 차례로 두루 곱하여 총수를 얻으니 실수의 끝 자릿수에 얻은 수의 끝 자릿수가 오도록 한다. 실수, 법수의 끝 자릿수가 만약 비어 있으면 반드시 0을 보충하여 계산해야 자릿수가 분명하게 정해진다.

곱은 그 자리에 따라 구구수(九九數, 구구셈)를 써서 셈한다.

9 9는 81, 8 9는 72, 7 9는 63, 6 9는 54, 5 9는 45, 4 9는 36, 3 9는 27, 2 9는 18, 1 9는 9,
8 8은 64, 7 8은 56, 6 8은 48, 5 8은 40, 4 8은 32, 3 8은 24, 2 8은 16, 1 8은 8,
7 7은 49, 6 7은 42, 5 7은 35, 4 7은 28, 3 7은 21, 2 7은 14, 1 7은 7,
6 6은 36, 5 6은 30, 4 6은 24, 3 6은 18, 2 6은 12, 1 6은 6,
5 5는 25, 4 5는 20, 3 5는 15, 2 5는 10, 1 5는 5,
4 4는 16, 3 4는 12, 2 4는 8, 1 4는 4,
3 3은 9, 2 3은 6, 1 3은 3,
2 2는 4, 1 2는 2,
1 1은 1

이것이 구구수로서 모든 계산에 두루 사용된다.

問 七-一

今有金九錢八分五氂每兩價銀八兩八錢問該銀幾何

答曰八兩六錢六分八氂

法金爲實列于上銀爲法列于下法尾對于實首先以法八兩乘實九得七十二列于中行而將七十進于法首相對中行位之前一位作七本位存二次以法八錢乘實九得七十二將七十進前一位作七併原存二共九本位存二法數退一位以法八兩乘實八得六十四將六十進前一位作六併原存九共十五進十于中行之首位作一併原存七共八次位存五本位存四併原存二共六次以法八錢乘實八得六十四將六十進前一位作六併原存六共十二進十于中行之次位作一併原存五共六次位存二本位存四法數退一位以法八兩乘實五得四十將四十進前一位作四併原存二共六本位爲空只有原存四以法八錢乘實五得四十將四十進前一位作四併原存四共八乘畢共得八六六八定位則實數尾位爲氂法數尾位爲錢而以兩價設問故得數尾位定爲毫每兩價之尾位爲錢比每兩位差退一位故得數尾位亦比實數尾位差退一位爲毫也從得數尾〇位溯計之

문제 7.1

지금 금(金) 9전8분5리가 있는데 금 1냥이 은(銀) 8냥8전이면, 이 금이 은 얼마에 해당하는가?

답 8냥6전6분8리이다.

계산법은 금(金)을 실(實, 피승수)로 삼아 위에 나열하고, 은(銀)을 법(法, 승수)으로 삼아 아래에 배열하는데, 법의 끝 자릿수를 실의 머릿수에 짝 지우고, 법의 8냥을 실의 9에 곱하면 72를 얻어 중간의 행에 배열하는데, 70은 법의 머릿수에 나아가 상대의 중간의 자리의 일 자릿수 앞에 7을 세우고 본 자리에는 2가 남게 된다.

다음은 법의 8전으로 실의 9를 곱하여 72를 얻고, 70은 앞으로 한 자리수 나아가 7이 되고 원래 있던 2와 합하여 9가 되고 본 자리에는 2가 남는다. 법수를 한자리 물려서, 법 8냥으로 실 8을 곱하면 64를 얻고, 60은 한자리 나아가 6이 되고 원래 있던 9와 합하여 15가 되어 중간의 머리자리에 1이 되고 또 원래 있던 7과 합하여 8이 된다. 다음 자리에는 5가 되고, 본 자리에는 4가 있어 원래 있던 2와 합하여 6이 된다. 법 8전은 실 8에 곱하여 64를 얻고 60은 한자리 앞으로 나아가 6을 만들어 원래 있던 6과 합하여 12가 되고 중간의 10이 다음 자리에서 1을 만들어 원래 있던 5와 더불어 6이 되고 다음 자리는 2가 남고 본 자리에는 4가 남는다.

법수를 한자리 물려서 법 8냥에 실 5를 곱하면 40을 얻고 40은 한자리 나아가 앞 자릿수 4가 되어 원래 있던 2와 합하여 6이 되고 본 자리에는 공이 되니 오직 원래의 4만이 있게 된다. 법 8전을 실 5에 곱하면 40을 얻고 40은 한자리 나아가 4가 되어 원래 있던 4와 합하여 8이 되어, 이로서 반드시 86680을 얻는데 자리를 정하는 것은 실수의 끝자리가 리(釐)가 되고, 법수의 끝자리 수는 전(錢)이 된다. 이로서 양(兩)값을 설정하여, 얻는 수의 끝자리 수는 호(毫)가 된다.

각 양 값의 끝자리 수가 전으로 되고 이에 대해 양자리의 차가 한 자리씩 물러나므로, 얻는 수의 끝자리 수 역시 실수의 끝자리 수에 비해 한자리씩 물러나므로 호(毫)가 된다. 얻는 수의 끝자리0에서 소급하여 계산을 한다.[2)]

問 七-二

今有珠三分五氂每兩值銀二十四兩問該銀幾何

答曰八錢四分

法按例乘得八四〇以尾〇位定爲氂溯計之每兩價銀尾位亦爲兩故得數尾位與實數尾位同爲氂

문제 7.2

지금 구슬 3분5리가 있는데 1냥에 은(銀) 24냥의 가치가 있다면 이에 해당하는 은은 얼마인가?

답 8전4분이다.

계산법은 곱셈에 의해 840이고 끝의 0 자리는 리(氂)로써 소급하여 셈한다. 1냥 값이 은의 끝자리에서도 역시 양(兩)이므로 얻는 수의 끝자리도 실수의 끝자리 수와 같으므로 리(氂)가 된다.[3]

---

2) 985×88의 계산은 아래와 같다.

실수(피승수)			9	8	5
		7	2		
	7	2			
법수(승수)		8	8		

⇒

		9	8	5
	7	9	2	
		6	4	
			6	4
		8	8	

⇒

		9	8	5
8	6	2	4	
		4	0	
			4	0
			8	8

⇒

		9	8	5
8	6	6	8	0
			8	8

問 七-三

今有田三頃五十畝每頃納糧一石二斗三升問共得幾何

答曰四石三斗零五合

法畝單位無數作○以存基位按法乘之乘畢定位則實之尾位値法之勺頃位値升故單畝位値勺故得數尾○位定爲勺溯計之

문제 7.3

지금 밭 3경50무가 있는데 1경에서 양곡 1석2두3승씩을 얻는다면 얼마나 얻을 수 있는가?

답 4석3두 5홉이다.

계산법은 무(畝)의 일자리에 수가 없으므로 0을 세워 그 자리에 둔다. 곱하는 법에 따라 곱셈을 하고, 자리를 정하는데, 실의 끝자리를 법의 작(勺) 자리에 두는데 경(頃)의 자리가 승(升)과 같고, 무(畝)의 일 자리는 작(勺)이 되므로 얻는 수의 끝자리 0은 작(勺)이 되

---

3)
```
    3 5
  2 4
  -----
  6 0
  1 2
  1 0
    2 0
  -----
  8 4 0
  전분리
```

어 소급하여 셈한다.[4)]

問 七-四

今有物二十六斤求兩數若干

答曰四百十六兩

法置二十六斤身外加六從末位加起六六三十六將三加實之單位六存實之單位後一位又二六十二將十作一加實之十位二加實之單位併得四一六定位以原斤數之後一位爲兩今得數末位之六在原斤後一位卽定爲兩名爲定身加法盖以斤法十六兩乘之而法之首位爲一算乘實不變故用此法以從簡易凡法首一算者皆可用此法

문제 7.4

지금 어떤 물건이 26근(斤)이면 냥(兩)으로는 얼마인가?

답 416냥이다.

계산법은 26근을 따로 두고 6을 더하여 끝자리를 따라 셈하면 6 6

4)
```
    3 5 0
1 2 4
---------
3 6 9
  5
  1 0
    1 5
---------
4 3 0 5 0
```

은 36이므로 3은 실의 일자리에 더하고, 6은 실의 일자리 뒤에 둔다. 또 2 6은 12에서 10은 일을 만들어 십의 자리에 더하고, 2는 실의 일자리 수에 더하면 416을 얻는다. 자리를 정하는 것은 원래의 근(斤)의 수의 한자리 뒤를 냥(兩)으로 하고 지금 얻은 수 끝자리의 6은 원래의 근(斤)의 한자리 뒤에 있다. 즉 위치를 정한 뒤에 냥(兩)이라 이름하여 정한다. 가법은 대체로 근(斤)에다 법을 16냥으로 하여 곱할 때 머리자리가 1이면 곱하여도 실은 변하지 않으므로 이 방법을 사용하면 간편하고 쉬우므로 대개 머릿수가 1이면 모두다 이 방법으로 할 수 있다.[5]

問 七-五

今有直田長八十五步闊六十七步問爲積幾何

答曰二十三畝七分七步

法以長闊相乘得積五千六百九十五步以畝法二百四十收之卽得凡長方之積皆用長闊相乘

---

5)
```
  2 6
 ──────
    3 6
  1 2
  2 6
 ──────
  4 1 6
 ──────
1 6
```

문제 7.5

지금 직전(直田, 직사각형의 밭)이 있는데 길이가 85보(步) 너비가 67보(步)이면 이 밭의 면적은 얼마인가?

답 23무7분7보이다.

계산법은 길이와 너비를 서로 곱하면 5695보이다. 무법(畝法)은 240보이고, 직사각형의 면적은 모두 다 길이와 너비를 곱해서 구한다.[6]

問 七-六

今有正方面方二尺五寸問爲積幾何

答曰六尺二十五寸

法副置二十五寸卽長與闊上爲實下爲法相乘得六百二十五寸以百寸命一尺卽得是名自乘羃凡正方積皆用自乘而數之以十遞進者皆以百遞進以十乘十爲百故十寸相乘之積爲百寸卽方一尺之面積也長方積亦同

문제 7.6

지금 정방형(正方形)의 한 모서리가 2척5촌이면 면적은 얼마인가?

답 6척25촌이다.

6) 步 × 步 = 步

계산법은 25촌으로 바꾸어서, 길이와 너비를 위에는 실수로 두고 아래에는 법으로 하여 서로 곱하면 625촌을 얻는데, 100촌을 1척으로 하여 즉 이 같은 것을 자승멱(自乘冪, 제곱수)이라 한다. 대개 정방형의 면적은 모두 자승(自乘)한 수를 사용하므로 10진법은 모두 100진법으로 된다. 10곱10은 100이므로 10촌은 서로 곱하면 100촌으로 즉 모서리가 1척인 면적이 된다. 장방적(長方積, 직사각형의 면적)도 역시 같다.[7)]

問 七-七

今有正方體長闊高各一尺二十寸問爲積幾何

答曰一尺七百二十八寸

法副置十二寸卽長與闊上爲實下爲法相乘得一百四十四寸卽底面積仍爲實又以十二寸卽高爲法再乘得一千七百二十八寸以一千尺命一尺卽得是名自乘再乘積凡正方體積皆用自乘再乘以數之以十遞進者皆以千遞進以十乘十又以十再乘爲千故十寸自乘再乘之積爲千寸卽方一尺之體積也長方體扁方體亦同

문제 7.7

지금 정방체(正方體, 정육면체)의 길이, 너비, 높이가 각 1척2촌이면, 체적은 얼마인가?

---

7) 10寸 × 10寸 = 100寸 = 1尺(面積)

답 1척728촌이다.

계산법은 12촌을 즉 길이와 너비를, 실은 위에 두고 법은 아래에 두어 서로 곱하면 144촌을 얻고, 이것을 실에 두고 12촌 즉 높이를 법으로 두어 다시 곱하면 1728을 얻는데 1000촌을 1척으로 하여 즉 이것을 자승(自乘)재승(再乘)(세제곱)이라 이름하여 곱을 구한다. 대개 정방체의 체적은 모두 자승재승(세제곱)한 수로서 10진법이면 1000진법이 된다. 10곱10에다 다시 10을 곱하면 1000이므로 10촌의 자승재승체적이다. 장방체(長方體)나 편방체(扁方體)도 역시 동일하다.[8)]

---

8) 10寸 × 10寸 × 10寸 = 1000寸 = 10^3 寸 = 1尺(體積)

정방체(正方體) : 정육면체 a^3　　장방체(長方體) : 직육면체 abc

편방체(扁方體) : 직육면체 a^2c　　자승(自乘) : 제곱 a^2

자승재승(自乘再乘) : 세제곱 a^3

8 제법(除法, 나눗셈)

「除者均分相減之義而屢減必紛故除之所以立也如有一數欲作幾分而幾次減之則必紛而難得故直以幾分除之基法以原數爲實列於上除數爲法列於下乘法二數互可爲法實而除法則原數除數不可易位猶加法不必分原數加數而減法必分原數減數也以法之首位對實之首位法之首位若大於實之首位則法數退差一位商得實爲法之幾倍置之實數之上仍與法數用九九數減實訖法退一位又商餘實爲法之幾倍挨次遍除期於減盡而初商時法尾所當之實數位命爲得數之首位實數法數有空則補足〇位後計之」

제(除)라는 것은 고르게 나누고 서로 감(減)하는 뜻인데 여러 번 감하면 반드시 번잡하므로 나눗셈이 성립된 이유이다. 가령 한 수를 여러 등분을 하고자 하는데 몇 차례 그것을 감하면 반드시 번잡하여 얻기가 어려우므로 바로 몇 등분하여 나누는 것이다. 이 법칙은 원수(原數, 피제수)를 실(實)로 삼아 위에 나열하고 제수(除數)를 법(法)으로 삼아 아래에 나열한다. 곱셈의 두 수는 서로 법과 실로 할 수 있으나 나눗셈에서는 원수와 제수는 자리를 바꾸는 것은 불가(不可)하다. 마치 덧셈에서는 반드시 원수와 가수(加數)를 나눌 필요가 없으나 뺄셈에서는 반드시 원수와 감수(減數)를 나누는 것과 같다.

법의 머리자리에 실의 머리자리를 대하게 하여, 만약 법의 머리자릿수가 실의 머리자릿수보다 크면, 법수를 한 자리 차(差)로 물린다. 상(商, 몫)을 얻는데, 실이 법의 몇 배인가를 헤아려 실수의 위에 두고, 이에 법수를 구구수(九九數)를 사용하여 실에서 감하는 것을 마치면 법은 한 자리 물린다. 또 남은 실수가 법의 몇 배인가를 헤아려 몫을 구하고, 이어 다시 여러 번 나누어 감하는 것이 다 할 때까지 하고 처음 몫을 구할 때 법의 마지막자리 수에 맞대응 하는 실수자리에 득수(得數, 몫)의 머리자리가 오도록 한다. 실수나 법수에 빈자리가 있으면 0을 그 자리에 보충한 후에 계산한다.[1)]

問 八-一

今有鍛六十四疋令四人分之問每人得幾疋

答曰十六疋

法以鍛爲實列於上人爲法列於下爰看實數首位六足法數四爲一倍將一置之法數相對實數之上爲初商得數仍與法四相因得四減實六餘二四爲次商實以法數退一位爰看實之二四足法數四爲六倍將六置之初商得數之次位仍與法四相因得二十四以減次商實恰盡得數爲一六定位則初商法位對於實之十疋位故得數首位卽知爲十疋也

---

1) 원수(原數, 피제수) : 실수 a
제수(除數, 제수) : 법수 b
$a \div b \neq b \div a$
예) $a+b=b+a,\ a-b \neq b-a,\ a \times b = b \times a$

문제 8.1

지금 비단이 64필 있는데 4사람에게 나누면 각각은 몇 필씩 얻게 되는가?

답 16필이다.

계산법은 비단을 실로 하여 위에 나열하고, 사람은 법으로 하여 아래에 나열하고, 이에 실수의 머릿수 6은 법수 4의 1배 되므로 1을 법수의 상대 실수의 위에 두고 초상(初商, 처음 얻은 몫)으로 얻은 수가 법 4와 더불어 서로 곱하여 얻은 수 4도 실 6에서 빼면 24가 남게 되니 차상실(次商實)로 한다.

법수는 한 자리 물러나고 이에 실수는 24로 법수의 6배가 족히 되므로 6을 초상 득수(得數)의 다음 자리에 놓고 이에 더불어 법 4와 서로 곱하여 24를 얻어 이것으로 차상실에서 감하면 다 없어지므로 얻는 수는 16으로 자리를 정한 즉 초상(初商)은 법의 자리 실수의 10필 자리에 대하므로 득수(몫)의 머리자리는 10필이 됨을 알 수 있다.[2)]

問 八-二

今有銀三百四十三兩令七人分之問每人得幾兩

---

2)

초상	1	
실수	6	4
	4	
차상실	2	4
법수	4	

초상	1	6
차상실	2	4
	2	4
		0
법수		4

答曰四十九兩

法銀爲實列於上人爲法列於下因法之七大於實首位之三故法退一位則實前兩位爲三四足法數七爲四倍將四置之法數相對實數之上爲初商得數仍與法七相因得二十八減實三四餘六三爲次商實以法數退一位爰看實之六三足法數七爲九倍將九置之初商得數之次位仍與法七相因得六十三以減次商實恰盡得數爲四九因初商法位對於實之十兩位故得數首位卽知爲十兩也

문제 8.2

지금 은(銀) 343냥이 있는데 7사람이 나누어 가지면 한 사람이 얻는 것은 몇 냥인가?

답 49냥이다.

계산법은 은을 실로 하여 위에 나열하고 사람은 법으로 하여 아래에 나열하면, 법의 7은 실의 머리자릿수 3보다 크기 때문에 법을 한자리 물리면 실의 앞 냥(兩)의 자릿수 34는 법수 7의 4배이므로, 4를 법수에 상대되는 실수의 위에 두어 초상득수(初商得數)로 한다. 이에 법7로 곱하여 얻은 28을 실34에서 빼면 63이 남는다. 이것을 차상실(次商實)로 하고 법수는 한자리 물려서 실수 63은 법수 7에 9배 되므로 이 9를 초상득수 다음 자리에 두고 법수와 서로 곱하여 얻은 63은 차상실에서 빼면 다 없어지므로 득수(得數, 몫)는 49로서 초상 법의 자리에 대하여 실은 10냥 자리이므로 득수의 머리자리는 즉 10냥임을 안다.[3]

問 八-三

今有丹砂一兩價値錢二萬五千文問每錢一文該得丹砂幾何

答曰四絲

法以丹砂爲實列於上價錢爲法列於下而法數之百十單位俱無數各作0以存基位實數兩以下亦作五0位以副法位又法之首位二大於實之首位一故法退一位爰看實足法之四倍將四置之法尾所對實數之上爲商得數仍與法二五〇〇〇相乘得一〇〇〇〇〇減實恰盡得數爲四定位則法之尾位單文以每錢一文得丹砂幾何設問故單文爲尾位對於實之絲位自實首一兩順計到第六位卽絲位故卽知所得爲單絲也

문제 8.3

지금 단사(丹砂) 1냥의 가치가 돈 2만5천문(文)이라면 돈 1문(文)에 해당하는 단사는 얼마인가?

답 4사(絲)이다.

계산법은 단사를 실로 하여 위에 나열하고, 값어치를 법으로 하여

---

3) 초상　　4 9
　실수　3 4 3
　　　　2 8
　　　　――――
　　　　　6 3
　　　　　6 3
　　　　――――
　　　　　　0
　법수　7→7→7

아래에 열거하면 법수의 백, 십, 일 단위는 모두 수가 없으므로 0으로 그 각 위치를 나타내게 하고, 실수 냥(兩) 이하도 역시 0을 5개 만들어 법의 자리처럼 둔다. 또 법의 머리자리 2는 실의 머리자리 1보다 크므로 법을 한자리 물려서 보면 실이 법의 4배가 족히 되므로, 4를 법의 끝자리에 대하는 실수의 위에 두어 상득수(上得數, 나누어 얻는 수 즉 몫)가 되는데, 이에 법수 25000을 서로 곱하면 100000을 얻으니 실수에서 빼면 모두 없어지므로 득수는 4로서 위치를 정한 즉 법의 끝자리는 문(文)의 일자리이다.

돈 1문으로 단사를 얼마 얻느냐 하고 물었으므로 문의 일자리는 실의 사(絲) 위치에 대응한다. 실의 머리자리 1냥으로부터 차례로 계산하여 제6위 자리에 이르면 즉 사(絲)자리이다. 그러므로 즉 얻는 것은 사(絲) 단위임을 알 수 있다.[4)]

問八-四

今有銀一千二百五十兩買果賞人每果一枚價二氂五毫問買果若干

答曰五十萬枚

法總銀爲實二氂五毫爲法按法除訖定位則法之尾位毫相對於實之十兩位以毫計之卽十萬毫位故卽知得數爲十萬枚也

---

4)

	양	전	분	리	호	사
상						4
실수	1	0	0	0	0	0
법수	2	5	0	0	0	
		2	5	0	0	0

문제 8.4

지금 은(銀) 1250냥으로 과실을 사서 사람에게 상을 주려고 하는데, 과실 1매(枚)의 값이 2리(氂)5호(毫)이면 과실을 얼마나 살 수 있을까?

답 50만 매이다.

계산법은 총 은을 실로 하고 2리5호를 법으로 하여 제법(除法)에 따라, 자릿수를 정하는 것은 법의 끝자리 호(毫)에 실의 10냥의 자리가 상대가 되니 호로써 계산을 하면 10만 호 자리가 되므로 즉 득수는 10만 매가 됨을 알 수 있다.[5)]

問 八-五

今有銀二百七十二兩零二分四氂九毫每錢一千銀九錢零五氂問錢若干

答曰三十萬零五百八十

法總銀爲實九錢零五氂爲法按法除實定位則業已實數中四氂上定一千位法之尾位爲氂而一千爲命位故也而初商法尾位五氂相對於實之錢

---

5)

상			5	0
실수	1	2	5	0
	1	2	5	
			0	
법수	2	5		
		2	5	

位卽爲得數首位自實數中四釐上一千位溯計則爲十萬位也

문제 8.5

지금 은(銀) 272냥 2분 4리 9호는, 전(錢) 1천이 은 9전(錢) 5리(釐)이면, 전(錢)으로는 얼마인가?

답 300580이다.

계산법은 총 은을 실로 하고 9전 5리를 법으로 하여 나눗셈에 따라 실수를 나누어 자리를 정함은 실수중의 4리 위에 1천(千)자리를 이미 정하였고 법수의 끝자리가 리(釐)가되고 1천 자리는 정하였기 때문이다. 이는 초상(初商) 법수의 끝자리 5리가 실의 전(錢)자리에 상대함으로 즉 득수의 머리자릿수는 실수 중 4리 위의 1천 자리에서부터 소급하여 계산하면 10만 자리가 된다.[6]

問 八-六

今有布積尺一萬八千四百六十三尺四寸二分問爲端幾何

答曰三百六十九端一丈三尺四寸二分

法以積尺爲實端法五十尺爲法除之卽得

---

6) $1000 : 9.05 = x : 2720.249$

$$x = \frac{2720.249}{9.05} \qquad x = 300580$$

문제 8.6

지금 베가 있는데 적척(積尺)으로 18463척4촌2분이다. 단(端)으로는 얼마인가?

답 369단이고 나머지가 1장3척4촌2분이다.

계산법은 적척을 실로 하고 단을 법으로 하여 법수로 나누면 얻는다.[7]

問 八-七

今有絹積尺一萬三千四百六十三尺問爲匹幾何

答曰三百三十六匹二丈三尺

法以積尺爲實匹法四十尺爲法除之卽得

문제 8.7

지금 비단이 적척(積尺)으로 13463척이면 필(疋)로는 얼마인가?

답 336필이고 2장3척이 남는다.

---

7)

```
       369      … 몫
    ──────────
50) 18463.42
    150
    ──────────
     346
     300
    ──────────
      463
      450
    ──────────
       13.42   … 나머지
```

1端 = 50 積尺

계산법은 적척을 실로 하고 필(疋)을 법으로 하여 나누면 얻는다.[8)]

問 八-八

今有銀一萬二千兩令十六人分之問每人得若干

答曰七百五十兩

法置一萬二千兩身外減六從首位商減而次位不足減六故化首位一作次位十與本二共十二乃定七爲得數減去六七四十二本位餘七爲得數首位而次商實餘八又定五爲得數減去五六三十本位餘五爲得數次位而無餘實定位得數首位在於原銀千兩位而法首爲十故退一位定之法有百退二位有千退三位名爲定身減法盖以十六人爲法除之而法之首位爲一算除實不動故用此法以從簡易凡法首一算者皆可用此法

문제 8.8

지금 은(銀)이 12000냥이 있는데 가령 16사람이 나눈다면 각자는 얼마나 얻게 되느냐?

답 750냥이다.

---

8)
```
       336
    ------
40) 13463
    120
    ------
     146
     120
    ------
      263
      240
    ------
       23
```
1疋 = 50 積尺

계산법은 12000냥을 따로 두고 6을 머리자리를 따라 나누어 감(減)하는데, 다음 자리가 6을 감하기에는 부족하므로 머리자리 1이 다음 자리 10으로 변하여 2와 더불어 12가 되니 이에 7이 득수가 되도록 정하고 6 7은 42를 감하면 본 자리에 남겨서 득수의 머리자리로 삼는다. 차상실 8이 남으니 5를 정하여 득수로 삼아서 5 6은 30을 감하면 본 자리에는 5가 남고 득수의 다음 자리수를 얻으니 실의 나머지가 없으므로 득수의 자리를 정하는데 머리자리는 원수(原數, 피제수) 은(銀) 천냥의 자리에 있으므로, 법의 머리수가 10이므로 한 자리 물려서 정한다.

법은 두 자리 물리면 백이고, 세 자리 물리면 천이 된다. 자리를 정하는 것은 16사람을 법으로 하여 나누는 것으로, 법수의 머리자릿수가 1일 때, 나누면 실이 변하지 않으므로 이 방법을 사용하여 간편하게 한다. 대개 법수가 1인 경우의 계산은 모두 이와 같이 한다.[9)]

問 八-九

今有直田積二十三畝七分七步闊六十七步問爲長幾何

---

9)
```
상       750
실수    12000
        -----
        42
        7
        -----
        112
          80
          30
          50
        -----
           0
법수  16
```

答曰八十五步

法置二十三畝七分七步以畝法二百四十通之得五千六百九十五步爲實以闊爲法除之卽得長

문제 8.9

지금 직전(直田, 직사각형의 밭)의 면적이 23무7분7보인데 너비가 67보이면 길이는 얼마인가?

답 85보이다.

계산법은 23무7분7보를 무법 240으로 환산하면 5695보를 얻으니 실로 삼고, 너비를 법수로 하여 나누면 곧 길이가 된다.[10]

---

10)
```
        23 × 240 = 5520
         7 × 24  = 168
   + )   7       = 7
   ----------------------
                   5695

            85
       ---------
   67 )   5695
          536
       ---------
           335
           335
       ---------
             0
```

9 명분법(命分法)

「命分者屢除仍有不盡之餘實名曰不受除乃以法數爲分母餘實爲分子命爲幾分中之幾分卽所謂奇零也若去之則不能復還原數故命分之所以立也」

명분이라는 것은 여러 번 나누어도 떨어지지 않는 실수가 남는 것으로 더 이상 나눌 수 없어 이에 법수를 분모로 하고 실수의 남은 것을 분자로 하여 몇 분의 몇 분이라 명명하여 이른바 기영(奇零)이라는 것인데 만약 없애버리면 원수를 되돌릴 수 없으므로 명분을 세우게 된 까닭이다.[1)]

問 九-一

今有銀十一兩令三人分之問每人得若干

答曰三兩又三分兩之二

---

1) 기영(분수) $\frac{5}{2} = 2 + \frac{1}{2}$

… ↑ 정수 ↑ 영분

法以銀爲實人爲法按法除之得每人三兩仍餘二兩不盡續除則得六而仍餘二故爲不盡也乃以三人爲分母餘實二兩爲分子命爲三分兩之二三人各得三分兩之二則共數爲三分兩之六而分子滿分母卽得全數故三分兩之六還爲二兩

문제 9.1

지금 은 11냥이 있는데 가령 3인이 나누면 각자는 얼마나 얻게 되는가?

답 3냥과 또 3분의 2냥이다.

계산법은 은을 실로 하고 사람을 법으로 하여 나누는 법을 생각해 보면 각자는 3냥을 얻고 남은 2냥은 떨어지지 않으므로 계속하여 나누면 6을 얻고 이에 2가 남으므로 나누어 떨어지지 않는다. 이에 3인을 분모로 남은 실수 2냥을 분자로 하여 3분의 2냥이라 명명한다. 3인은 각 3분의 2냥을 얻으면 즉 공수(共數)는 3분의 6냥이 되니 분자로 분모를 나누면, 즉 전수(全數, 나누어 떨어지는 수)를 얻으므로 3분의 6냥은 도로 2냥이 된다.[2)]

---

2) 三分兩之二는 오늘날의 3분의 2냥이다. 즉 $\frac{2}{3}$냥

$$11 \div 3 = \frac{11}{3} = 3 + \frac{2}{3} \qquad \frac{2}{3} \times 3 = \frac{6}{3} = 2$$

$$11 \div 3 = 3.66\cdots = 3.\dot{6}$$

10 약분법(約分法)

「約分者約而求簡也分母分子輾轉互減務期兩數相等名曰紐數以除分母分子各得幾分約爲幾分中之幾分也盖母子互減至於相等是爲母子俱可度盡之數故彼此俱約分數仍同約輾轉相減終至於一則是無度盡之數故不用約分直須命分也」

약분이라는 것은 줄여서 간편함을 구하는 것이다. 분모 분자를 서로 감하여 두 수가 같도록 하는 일을 이름하여 뉴수(紐數)[1]라 한다. 분모와 분자를 제법으로서 각각 몇 분을 약하면 몇 분 중의 몇 분이 되는 것이다. 대체로 분모와 분자를 서로 감하여 같게 함이니 이것은 분모와 분자를 함께 셈을 다하게 하는 수이므로 이것과 저것을 함께 약분하여 수가 같은 것으로 서로 감하면 끝내는 1에 이르니 이것은 셈할 것이 없는 수이므로 약분을 하지 않고 곧바로 명분(命分)을 해야 한다.

問十一

今有銀二十七兩令六十三人分之問每人各得幾何

答曰七分兩之三

1) 뉴수(紐數) : 최대공약수(『구장산술』에서는 : 等數)

法當命爲六十三分兩之二十七而必欲約得小數故以分子二十七再減分母六十三餘九轉以九再減分子二十七亦餘九兩邊相等更無可減以之爲法除分母六十三得七除分子二十七得三是約爲七分兩之三也盖六十三卽七分之九倍二十七卽三分之九倍故約得七分之三則分數仍同而數則簡也

문제 10.1

지금 은 27냥이 있는데 가령 63명이 나누면 각 사람은 얼마를 얻는가?

답 7분의 3냥이다.

법칙은 마땅히 63분의 27냥을 말하는 것이므로 냥의 27을 63으로 나누는 것인 즉 반드시 약분으로 작은 수를 얻고자 하므로 분자 27로서 분모 63을 두 번 감하면 9가 남고 9로써 분자 27을 두 번 감하면 역시 9가 남으므로 양변이 서로 같아 다시 감할 것이 없으므로 제법으로 분모 63을 제하면 7을 얻고 분자 27은 3을 얻으니 이것이 약분하여 7분의 3냥이다. 대체로 63은 즉 7분의 9배이고 27은 즉 3분의 9배이므로 약분하여 7분의 3을 얻으니 분수는 이에 같고 수는 즉 간단한 수이다.[2)]

---

2) $27-9\times2=9$

$$63\div7=9$$
$$27\div3=9$$
$$\frac{27}{63}=\frac{3\times9}{7\times9}=\frac{3}{7}$$

11 통분법(通分法)

「通分之用甚大凡數同類然後可以加減故分母不同者互乘以齊之雖無奇零之整數若與帶分母之數加減則亦以分母通之且以十遞析然後可以乘除故整數帶奇零者必以分母通之斤通爲兩宮通度之類亦同凡數之異名異類捍格不通者皆賴是以濟之」

통분의 쓰임은 매우 크다. 무릇 수는 류(類)가 같은 후에야 가감을 할 수 있으므로 분모가 같지 않으면 서로 곱하여 이를 같게 하는 것이다. 비록 기영(奇零)의 정수가 없을지라도 분모의 수와 더불어 가감한 후에 즉 역시 분모로서 통분한다. 또 십진법으로 하여 곱하고 나눌 수 있으므로 정수가 기영과 더불어 있는 것은 반드시 분모를 통분하여야 한다. 근(斤)은 양(兩)으로 통분하고, 궁(宮)은 도(度)로 통분하여 그 류를 같게 한다. 무릇 수의 이름이 다르고 류가 다른 것은 어긋나서 통분되지 않으므로 모두다 이렇게 하여 그것을 한다.[1)]

---

1) 류(類) - 단위를 뜻함. 예를 들어 斤, 兩은 류가 다르므로 兩으로 통일, 宮, 度는 류가 다르므로 度로 통일.

問 十一一

今有絲五分斤之四一斤分爲五分而得其四分也又五分斤之三一斤分爲五分而得基三分也相加求總數若干

答曰一斤又五分斤之二

法以五分之四與五分之三左右列之將兩分子四與三相加得七因子數大於母數乃減母數五爲一整數餘二爲零分卽得一斤又五分斤之二爲總數也此徑併法凡兩分母同者兩分母同爲五徑併兩分子爲子授兩分子同爲五分中之四與三故卽併之若子數大於母數則減去母數爲整數子數七母數五是子數大於母數故收爲整數餘爲零分所餘二亦爲五分中之二分也

문제11.1

지금 실이 5분의 4근이 있고(1근을 분으로 하면 5분이고 그 4분을 얻는다는 것이다.) 또 5분의 3근(1근을 5분으로 하면 그 3분을 얻는다는 것이다.)을 서로 더하여 총수를 구하면 얼마인가?

답 1근과 5분의 2근이다.

법칙은 5분의 4와 5분의3을 좌우에 나열하고 양쪽 분자의 4와 3을 더하면 7을 얻는데 분자 수가 분모보다 크므로 이에 분모수 5로 빼면 1은 정수로 하고 나머지 2는 영분이 되니 즉 1근과 5분의 2근은 총수가 된다. 이것은 경병법으로 무릇 두 수의 분모가 같으면(두 수의 분모가 5로 서로 같다.) 경병으로 하고 두 분자는 분자 수로 한다. (두 분자는 같은 5분의 중에서 4와 3이므로 즉 그것을 더한다).

만약 분자의 수가 분모의 수보다 크면 분모 수를 감하여 정수로 한다. (분자 수 7이 분모 수 5보다 크므로 정수로 한다.) 영분이 된다. (남은 2 역시 5분 중의 2분이 된다.)[2)]

問十一-二

今有金八分兩之一又十二分兩之三相加求總數若干

答曰八分兩之三

法將後分母十二分子三各減三分之一則變爲八分之二與前分母八分相同故徑併兩分子二與一得三即八分兩之三爲總數也凡分母不同而可以加減之使同者則變而同之

문제11.2

지금 금 8분의 1냥과 12분의 3냥을 서로 더하여 얻는 총수는 얼마인가?

---

2) $\frac{4}{5} \mid \frac{7}{5} \mid \frac{3}{5}$

경병법 : 분모가 같을 때 나란히 두고 더한다.

$\frac{7}{5} = 1 + \frac{2}{5}$

↑ ↑ ↑

기영 정수 영분

$a = bq + r \quad 0 \le r < b$

$\frac{a}{b} = q + \frac{r}{b} \quad 0 \le \frac{r}{b} < 1$

↑ ↖

정수(quotient) 영분(remainder)

답 8분의 3냥이다.

계산법은 뒤의 분모 12와 분자 3에서 각 3분의 1을 감한 후 바꾸어서 8분의 2로 하여 앞 분모의 8과 더불어 서로 같으므로 경병하여 두 분자 2와 1에서 3을 얻으니 8분의 3냥이 총수가 된다. 무릇 분모가 같지 않으면 가감함으로써 같게 하는 것(경병)으로 즉 바꾸어 그것을 같게 한다.[3)]

問十一三

今有米六分石之五又三分石之二相加求總數若干

答曰一石又六分石之三

法將三分之二倍作六分之四則兩分母相同乃徑併兩分子五與四得九子數大於母數乃減母數六爲一整數餘三爲零分卽得一石又六分石之三爲總數也如依前法將六分之五折半則分子却有奇零故將三分之二加倍使同其母也

문제11.3

지금 쌀 6분의 5석과 3분의 2석을 서로 더하여 총수를 구하면 얼마인가?

---

3) $\frac{1}{8}+\frac{3}{12}\quad \frac{3}{12}\Rightarrow\frac{1}{4}\Rightarrow\frac{2}{8}$

$\frac{1}{8}|\frac{3}{8}|\frac{2}{8}$

답 1석과 6분의 3석이다.

계산법은 3분의 2를 배하여 6분의 4로 만들면 두 분모가 같으므로 이에 경병법으로 두 분자 5와 4를 더하면 9를 얻게 되고 분자의 수가 분모보다 크므로 분모 수 6을 감하면 1이 정수가 되고 3이 남아 영분이 되므로 즉 1과 6분의 3이 총수가 된다. 앞의 법칙을 따라하면 6분의 5의 절반은 분자에 기영이 있게되므로 3분의 2를 배하여 그 분모를 같게 한다.[4)]

問十一-四

今有物三分丈之二又五分丈之三相加求總數若干

答曰一丈又十五分丈之四

法以兩分母三五相乘得十五爲共母數再以前分母三乘後分子三得九又以後分母五乘前分子二得十相加得十九爲共子數因子數大於母數乃減共母數十五爲一整數餘四爲零分卽得一丈又十五分丈之四爲總數也此因兩分母不同故用互乘以齊其分則前分母前分子俱爲五倍後分母後分子俱爲三倍其分數各自仍同而前後兩分母變爲同數故分子可以併之也

---

4) 기영이므로 ↙

$$\frac{5}{6}+\frac{2}{3} \qquad \frac{5}{6}\rightarrow\frac{\frac{5}{2}}{3}$$

$$\frac{2}{3}\rightarrow\frac{4}{6} \qquad \frac{5}{6}\Big|\frac{9}{6}\Big|\frac{4}{6} \qquad \frac{9}{6}=1+\frac{3}{6}=1+\frac{1}{2}$$

문제11.4

지금 물건 3분의 2장과 5분의 3장을 서로 더하여 구한 총수는 얼마인가?

답 1장과 15분의 4장이다.

계산법은 두 분모 3, 5를 서로 곱하여 15를 얻으니 공통의 분모수가 된다. 다시 앞의 분모 3으로 뒤의 분자 3에 곱하면 9를 얻고 또 뒤의 분모 5를 앞의 분자 2에 곱하면 10을 얻게되고 서로 더하여 19를 얻어 공통의 분자수가 된다. 분자수가 분모수보다 크므로 이에 공분모수 15를 감하면 1이 정수가 되고 나머지 4는 영분이 되므로 즉 1장과 15분의 4장을 얻어 총수가 된다. 이처럼 두 분모가 같지 않으므로 서로 곱하여 그 분수를 같게 하여 즉 앞 분모 앞 분자를 모두 5배하고, 뒤 분모 뒤 분자도 모두 3배하여 그 분수 각자가 같아져서 앞 뒤 분모가 변하여 같은 수가되므로 분자는 그것으로서 더할 수 있다.[5)]

問十一-五

今有銅三分斤之一又四分斤之二又五分斤之三相加求總數若干

答曰一斤又三十分斤之十三

---

5) $\frac{2}{3}+\frac{3}{5}=\frac{2\times5}{3\times5}+\frac{3\times3}{5\times3}=\frac{10}{15}+\frac{9}{15}=\frac{19}{15}=1+\frac{4}{15}$

法先以第一分母分子三分之一第二分母分子四分之二用互乘相加法得十二分斤之十仍與第三分母分子五分之三又用互乘相加法得六十分斤之八十六滿分母六十得一整數餘六十分斤之二十六並以二約之卽得三種以上通分者或用連乘法以各分母連乘得共母後各以分母除之以乘其基子爲所得分子也又或用維乘法以分母分子左右對列各以分子遍乘也分母爲所得分子而亦以各分母連乘得共母也合分減分皆同此互乘連乘維乘三法並只是一理也

문제11.5

지금 동 3분의 1근과 1과 4분의 2근과 2와 5분의 3근이 있는데 서로 더하면 총수는 얼마인가?

답 1근과 30분의 13근이다.

법칙은 먼저 제 1분모분자(3분의 1)와 제 2분모분자(4분의 2)를 호승상가법으로 12분의 10근을 얻고 이에 제 3분모분자(5분의 3)와 더불어 또 호승상가법을 사용하여 60분의 86근을 얻으니 분모 60으로 1의 정수를 얻고 남은 60분의 26근을 2로서 약분하여 얻는다. 3종 이상 통분하는 것은 혹 연승법을 사용하는 것으로서 각 분모를 연이어 곱하여 공통 분모를 얻은 후에 각각을 분모로서 제하고 그 분자를 곱함으로서 분자를 얻는 것이다. 또 유승법을 사용하는 것으로서 분모 분자를 좌우로 대열하여 각 분자를 다른 분모에 두루 곱하여 분자를 얻는 것으로서 이것 역시 각 분모를 연이어 곱하여 공통 분모를 얻는 것이다. 합분, 감분 모두 동일하다. 이로서 호승, 연승, 유승하는 세 가지 법칙은 모두다 같은 이치이다.[6]

問十一-六

今算得中會二十九日十七時三十六分加七時四十分該實會若干

答曰三十日零一時十六分

法先併小分一小時六十分爲小分得七十六三十六分加四十分以滿六十進爲一時仍餘十六分次併大分一日二十四小時爲大分得二十五時十七時與七時相加又併所進之一時以滿二十四進爲一日仍餘一時所得爲三十日零一時十六分卽爲實會也此大分帶小分加法凡大分之下帶有小分者先併小分滿小分之母進爲大分滿大分之母進爲整數也」

문제 11.6

지금 계산으로 중회가 29일 17시 36분 있었는데 7시 40분을 더 한다면 실회는 얼마인가?

답 30일 1시 16분이다.

---

6) ① 합분(合分) : 분수의 덧셈
② 감분(減分) : 분수의 뺄셈
③ 합분의 3방법
ㄱ. 호승상가법 : $\frac{1}{3}+\frac{2}{4}+\frac{3}{5}=\frac{4}{12}+\frac{6}{12}+\frac{3}{5}=\frac{10}{12}+\frac{3}{5}=\frac{50}{60}+\frac{36}{60}$
$=\frac{86}{60}=1+\frac{26}{60}=1+\frac{13}{30}$
ㄴ. 연승 : $\frac{1}{3}+\frac{2}{4}+\frac{3}{5}=\frac{20}{60}+\frac{30}{60}+\frac{36}{60}=\frac{86}{60}=1+\frac{26}{60}=1+\frac{13}{30}$
ㄷ. 유승 : 분모 분자
3 1 $1\times4\times5=20, 20+30+36=86$: 분자
4 2 $2\times3\times5=30, 3\times4\times5=60$: 분모
5 3 $3\times3\times4=36$

법칙은 먼저 소분을 계산하면(1 작은 시는 60분이니 소분이 된다.) 76을 얻는다. (36분 더하기 40분) 60분이 넘으므로 나아가 1시가 되고 이에 16분이 남는다. 다음은 대분을 계산하면(1일은 24시 소시는 대분이 된다.) 25시를 얻으니 (17시와 더불어 7시를 더하고 또 올라온 1시를 계산하면) 24시를 넘으니 나아가 1일이 되고 나머지 1시가 된다. 30일 1시 16분을 얻으니 즉 실회가 된다.

이것은 대분과 소분이 있는 가법이니 무릇 대분의 아래에 소분이 있을 때에는 먼저 소분을 계산하여 소분의 분모를 넘으면 나아가 대분이 되고 대분의 분모를 넘치면 나아가 정수가 된다.[7)]

問十一七

今有田二區甲區二畝又四分畝之三又帶此一分之五分之一丙區一畝又三分畝之二又帶此一分之四分之三相加求總數若干

答曰四畝又六十分畝之四十三

7) 中會(임시회)

```
      29일 17시 36분
+ )         7시 40분
--------------------
      1     24  76분
            +1 -60분
--------------------
      30일  25시 16분
                -24
               ----
                1시
```

소분 : $\frac{36}{60}+\frac{40}{60}=\frac{76}{60}=1+\frac{16}{60}$

대분 : $\frac{17}{24}+\frac{7}{24}+\frac{1}{24}=\frac{25}{24}=1+\frac{1}{24}$

시각이 아니라 시간의 문제이다.

法以甲小分母五通大分母四得二十又通大分子三得十五加入小分子一得十六共得二十分畝之十六爲甲大小分所變之數次以丙小分母四通大分母三得十二又通大分子二得八加入小分子三得十一共得十二分畝之十一爲丙大小分所變之數用互乘法甲得二百四十分畝之一百九十二丙得二百四十分畝之二百二十兩數併得三畝又二百四十分畝之四百十二子大於母故滿分母數進爲一畝餘二百四十分畝之一百七十二約得六十分畝之四十三也此大小分母俱不同故以小分母通大分母爲母數又通大分子加入小分子爲子數再用互乘後所得兩分子相加即得總數

문제11.7

지금 두 구역의 밭이 있는데 갑구는 2무와 4분의 3무와 또 그 1분의 5분의 1이고, 병구는 1무와 3분의 2무와 또 그 1분의 4분의 3이면 서로 더하여 총수를 구하면 얼마인가?

답 4무와 60분의 43무이다.

법칙은 갑의 소분모 5와 대분모 4를 통분하면 20을 얻고 또 대분자 3을 곱하면 15를 얻으니 그 15와 소분자 1을 받아들여 16을 얻으니 모두 20무의 16을 얻어 갑의 대소분수는 고쳐진 수가된다. 다음에 병의 소분모 4와 대분모 3을 통분하면 12를 얻고, 또 대분자 2를 곱하면 8을 얻어 소분자 3을 받아들여 더하면 11을 얻으니 모두 12분의 11무를 얻는다. 병의 대소분수는 그렇게 변한 수가 된다. 호승법을 사용하여 갑은 240분의 192무를 얻고 병은 240분의 220무를 얻어서 두 수를 경병하면 3무와 또 240분의 412무를 얻으니 분자가 분모보다 크므로 분모를 넘는 수는 나아가 1무가 되고 240분의 172

무가 남으니 약분하면 60분의 43무를 얻는다. 이와 같이 대소분모가 모두 같지 않으므로 소분모와 대분모를 통분함으로써 분모 수가되고, 또 대분자를 곱하여 소분자를 받아들여 합하면 분자 수가되고 다시 호승한 후에 두 분자를 서로 더하여 즉 총수를 얻는 것이다.[8)]

問十一-八

今有紵絲一疋零五分疋之二用過五分疋之三問仍存若干

答曰五分疋之四

法以用過分子三減原數分子二而減數反大于原數不足減乃借原數一疋通作五分併之得五分之七內減去用過五分之三仍存五分之四合問此徑減法兩分母同兩分母同爲五故兩分子徑以相減兩分子同爲五分中之二與三故卽減之而減數大於原數故以分母通整數然後減之

문제11.8

지금 모시실 1필 5분의 2필이 있는데 5분의 3필을 사용했다면 남아 있는 것은 얼마인가?

답 5분의 4필이다.

---

8) 甲 : $2+\frac{3}{4}+\frac{1}{4}\times\frac{1}{5}=2+\frac{3}{4}+\frac{1}{20}=2+\frac{15}{20}+\frac{1}{20}=2+\frac{16}{20}$

丙 : $1+\frac{2}{3}+\frac{1}{3}\times\frac{3}{4}=1+\frac{2}{3}+\frac{3}{12}=1+\frac{8}{12}+\frac{3}{12}=1+\frac{11}{12}$

$\frac{16}{20}+\frac{11}{12}=\frac{192}{240}+\frac{220}{240}=\frac{412}{240}$, $3+\frac{412}{240}=4+\frac{172}{240}=4+\frac{43}{60}$

법칙은 쓴 분자 3을 사용하여 원수 분자 2에서 감하면 감수가 원수에 비해 크므로 빼기에 부족하다. 이에 원수 1필에서 빌려와서 5분으로 통분하여 그것을 더하면 5분의 7을 얻는다. 쓴 5분의 3을 감하면 5분의 4가 남으니 물음에 맞다. 이러한 경감법은 두 분모가 같으므로(두 분모가 5로서 같다.) 두 분자를 경병하여 서로 감하는데(두 분자가 5분중의 2와 3으로 같으므로 즉 그것을 감한다.) 감수가 원수보다 크므로 분모를 정수에 통분한 후에 그것을 뺀다.[9]

問十一九

今有數甲三分之二減乙五分之三求餘數若干

答曰十五分之一

法以兩分母三五相乘得十五爲共母數以甲分母三乘乙分子三得九又以乙分母五乘甲分子二得十所得兩分子相減餘一卽得十五分之一爲餘數也此兩分母不同故用互乘齊之然後可以相減也若問孰多多幾何則答以三分之二多多十五分之一此古課分法分母同而子不同則子數大者爲多若子同而分母不同則分母小者爲多盖以分相較而辨其多寡也

9) $(1+\frac{2}{5})-\frac{3}{5}=(\frac{5}{5}+\frac{2}{5})-\frac{3}{5}=\frac{7}{5}-\frac{3}{5}=\frac{4}{5}$

($\frac{2}{5}<\frac{3}{5}$ 이므로)

경감법은 이와 같이 두 분모가 같을 때 쓰인다.

문제11.9

지금 수 갑 3분의 2에서 을 5분의 3을 빼면 나머지는 얼마인가?

답 15분의 1이다.

법칙은 두 분모 3, 5를 서로 곱함으로써 15를 얻으니 공통의 분모로 삼고, 갑 분모 3에 을 분자 3을 곱하면 9를 얻고, 또 을 분모 5에 갑 분자 2를 곱함으로서 10을 얻으니 그렇게 얻은 분자를 서로 빼면 1이 남으니 즉 15분의 1이 남는 수가 된다. 이와 같이 두 분모가 같지 않으므로 호승법을 사용하여 그것을 같게 한 후에 서로 뺄 수 있다. 만약 무엇이 많으며 얼마나 많은가를 묻는다면 3분의 2가 많으며, 15분의 1 만큼 많다고 답한다.

이것은 고과분법이니 분모가 같고 분자가 다르면 즉 분자 수가 큰 것이 많은 것이 된다. 만약 분자가 같고 분모가 같지 않으면 분모가 작은 것이 많은 것이 된다. 대체로 분수에 있어 서로 비교하여 그 많고 적음을 분별한다.[10]

---

10) $\frac{2}{3}-\frac{3}{5}=\frac{10}{15}-\frac{9}{15}=\frac{1}{15}$ $\frac{2}{3}$가 $\frac{3}{5}$보다 $\frac{1}{15}$만큼 많다.

옛날	지금	古	今
많다	크다	多	大
적다	작다	寡	小

古課分法(분수대소 비교법)

$b>c:\ \frac{b}{a}>\frac{c}{a}\ (a>0)$

$b>c:\ \frac{a}{b}<\frac{a}{c}\ (a<0)$

問 十一-十

今有沉香一石零二十八分石之九用去七分石之四該餘若干

答曰四分石之三

法以原分母通整數一爲二十八併原分子得三十七變原數爲二十八分之三十七又以後分母七除原分母二十八得四仍乘後分子四得十六變減數爲二十八分之十六兩分子相減得二十一爲餘數二十八分之二十一以後分母七除餘數分母二十八得四又除分子二十一得三爲四分之三合問此子乘母除法凡分母有可以相除者則用代互乘而減數分母仍爲約分之紐數也

문제 11.10

지금 침향이 1석과 28분의 9석이 있는데 7분의 4석을 사용했다면 남은 것은 얼마인가?

답 4분의 3석이다.

법칙은 원 분모로써 정수 1에 곱하면 28이 되고 원 분자를 더하면 37을 얻게되니 원수가 바꾸어져서 28분의 37이 된다. 또 뒤 분모 7을 원 분모 28에서 나누면 4를 얻으니 이에 뒤 분자 4를 곱하면 16을 얻으니 감수가 고쳐져서 28분의 16이 되고 두 분자를 서로 빼면 21을 얻으니 남은 수는 28분의 21이 되고, 뒤 분모 7로서 남은 수 분모 28을 나누면 4를 얻는다. 또 분자 21을 나누면 3을 얻으니 4분의 3이 되므로 물음에 맞다.

이와 같은 자승모제법은 무릇 분모가 나눌 수 있는 것이 있을 때에는 호승을 대신하여 쓰고, 감수의 분모는 약분하여 뉴수가 된다.[11)]

問十一-十一

今有米一石內減七分石之五求餘數若干

答曰七分石之二

法以整數一石變爲七分與分子五相減餘二卽得七分石之二爲餘數此整數中減零分法也

문제11.11

지금 쌀 1석이 있는데 이 안에서 7분의 5석을 감하여 남은 수를 구하면 얼마인가?

답 7분의 2석이다.

법칙은 정수 1석을 7분이 되게 고침으로서 분자 5와 더불어 서로 감하면 2가 남으니 즉 7분의 2석을 얻으니 남은 수가된다. 이와 같은 것을 정수에서 감하는 영분법이라 한다.[12)]

---

11) $(1+\frac{9}{28})-\frac{4}{7}=\frac{28+9}{28}-\frac{4}{7}=\frac{37}{28}-\frac{16}{28}=\frac{21}{28}=\frac{3}{4}$
……자승모제법

12) $1-\frac{5}{7}=\frac{7}{7}-\frac{5}{7}=\frac{2}{7}$, 즉 정수에서는 감하는 영분법이다.

問十一-十二

今有整數一又九十分之七十二甲得六分之四乙得三分之一餘爲丙數該若干

答曰丙得五分之四

法以原分母通整數一爲九十原分子七十二得九十分之一百六十二爲原數次以甲分母六除原分母九十得十五以乘甲分子四得六十爲甲數又以乙分母三除原分母九十得三十以乘乙分子一仍得三十爲乙數合甲乙兩數得九十以減原數一百六十二餘七十二爲丙數用約分捷法以丙數九十分之七十二爲實以甲乙兩分母六與三相乘得十八爲法除之得五分之四卽丙數也凡有分母三宜用維乘而分母有可以相除者則用子乘母除法以從簡易也

문제11.12

지금 정수 1과 90분의 72가 있는데 갑이 6분의 4를 얻고, 을이 3분의 1을 얻고, 나머지를 병이 하면 그 해당하는 것은 얼마인가?

답 병이 5분의 4를 얻는다.

법칙은 원 분모와 정수 1를 통분하면 90이 되고 원 분자 72를 더하면 90분의 162를 얻으니 원수가 되고, 다음 갑 분모 6으로서 90을 나누면 15를 얻으므로 갑 분자 4에 곱하면 60을 얻으니 갑의 수가 된다. 또 을 분모 3으로서 원 분모 90을 나누면 30을 얻고 을 분자 1에 곱하면 30을 얻으니 을의 수가 된다. 갑, 을 두 수를 더하면 90

을 얻으니 원수 162에 빼면 72가 남으므로 병의 수가 된다.

약분첩법을 사용하면 변수 90분의 72는 실수가 된다. 갑, 을 두 분모 6과 3을 서로 곱하면 18을 얻고 법수가 되어 그것을 나누면 5분의 4를 얻으니 즉 병의 수이다. 무릇 분모가 세 개 있으면 마땅히 유승을 사용하여 분모가 있고 서로 나눌 수 있는 것은 즉 자승모제법을 사용하면 간단하고 쉽다.[13)]

問十一十三

今有整數一又九分之四又帶此一分之五分之四十分之七甲得九分之四又帶此一分之五分四餘爲乙數該若干

答曰七十二分之六十七

法先將小分四十分之七與五分之四互乘原數得二百分之三十五爲原變數甲數得二百分之一百六十爲甲變數而甲變數大於原變數不足減乃借原數一分通爲小分二百加入原變數共二百三十五內減甲變數餘二百分之七十五約得八分之三次將兩大分相減而原數四因借減一變爲三不足減甲大分四故亦借整數一通爲大分九加入原大分共十二內減甲大分餘八共得大分九分之八小分八分之三以小分母八通大分母得七十二又通大分子併小分子得六十七爲乙數也此大分母同而小分母不同故只用小分母互乘以同之

---

13) $\left(1+\frac{72}{90}\right)-\left(\frac{4}{6}+\frac{1}{3}\right)=\frac{90+72}{90}-\left(\frac{60}{90}+\frac{30}{90}\right)=\frac{72}{90}=\frac{4\times 18}{5\times 18}=\frac{4}{5}$

약분첩법은 $3\times 6=18$을 법수로 하여 계산하는 방법이다.

문제 11.13

지금 정수 1과 9분의 4와 더불어 이에 1분의 40분의 7이 있는데 갑이 9분의 4와 더불어 이에 1분의 5분의 4를 얻으면 나머지 을의 수는 얼마인가?

답 72분의 67이다.

법칙은 먼저 소분 40분의 7과 5분의 4를 서로 원수에 곱하여 200분의 35를 얻게 되니 원수가 바뀐 수가 되고, 갑의 수는 200분의 160이 되어 갑의 수의 바뀐 수(변수)가 된다. 갑의 바뀐 수가 원수의 바뀐 수보다 커서 빼기에는 부족하므로 이에 원수 1을 빌려서 통분하여 소분 200으로 하여 원 변수에 더하여 함께 235내에서 갑 변수를 빼면 200분의 75가 남으니 약분하여 8분의 3을 얻는다. 다음에 두 대분을 서로 감하니 원수 4에서 1을 빌려주어 감하였으므로 변하여 3이 되니 갑의 대분 4를 빼기에는 부족하므로 역시 정수 1을 빌려서 통분하여 대분 9가 되게 하여 원수 대분에 더하여 12로 하여 그 안에서 갑의 대분을 빼면 8이 남아서 모두 대분 여분의 8과 소분 8분의 3을 얻는다. 소분모 8을 대분모와 통분하면 72를 얻는다. 또 대분자도 통분하여 소분자와 더하면 67를 얻으니 을의 수가 된다. 이처럼 대분모는 동일하나 소분모는 같지 않을 때에는 지금처럼 소분모를 서로 곱하는 방법을 사용하여 이것을 같게 한다.[14)]

---

14) $(1+\frac{4}{9}+\frac{1}{9}\times\frac{7}{40})-(\frac{4}{9}+\frac{1}{9}\times\frac{4}{5})$에서

소분은 $\frac{7}{40}$과 $\frac{4}{5}$로서 $\frac{35}{200}$, $\frac{160}{200}$으로 통분하여 $\frac{35}{200}-\frac{160}{200}<0$이므로

問十一-十四

今有田三十六畝六分每畝徵銀三分錢之二問該銀若干

答曰二兩四錢四分

法以分子二乘三十六畝六分得七三二以分母三除之爲徵銀野若每畝一錢則銀數與畝數等而分母卽全分故徵銀之於畝數若分子之於分母也若以零分乘零分者兩分母兩分子各相乘命之亦當置一分子以他分子乘之以他分母除之然每多不受除故以他分母乘分母卽所以除分子也

문제11.14

지금 밭 36무 6분이 있는데 매 무마다 은 3분의 2전을 징수한다면 해당하는 은은 얼마인가?

답 2냥 4전 4분이다.

법칙은 분자 2로 36무 6분을 곱하면 732를 얻으니 분모 3으로 그것을 나누면 징수하는 은이 된다. 만약 매 무마다 1전이면 은수와 무수는 같게 되니 분모는 즉 전분이므로 징수하는 은은 무의 수에 있

$\frac{200+35}{200}=\frac{235}{200}, \frac{235}{200}-\frac{160}{200}=\frac{75}{200}=\frac{3}{8}$

대분은 $\frac{4}{9}-\frac{1}{9}=\frac{3}{9}, \frac{3}{9}-\frac{4}{9}<0$이므로

$1+\frac{3}{9}=\frac{9+3}{9}=\frac{12}{9},\ \frac{12}{9}-\frac{4}{9}=\frac{8}{9}$가 되므로

$\frac{3}{8}\times\frac{1}{9}=\frac{3}{72}, \frac{8}{9}+\frac{3}{72}=\frac{64}{72}+\frac{3}{72}=\frac{67}{72}$

어서와 분자의 분모에 있어서와 같다. 만약 영분으로서 영분을 곱하는 것은 두 분모 두 분자를 각각 서로 곱하는 것을 말한다. 역시 한 분자를 두고 다른 분자로서 그것을 곱하고 다른 분모로서 그것을 나눈 후에 매 번 많으면 나눌 수 없으므로 다른 분모로서 분모를 곱하여 즉 분자를 나누는 까닭이다.[15)]

問十一-十五

今有銀六十四每兩買銅八斤又四分斤之三問該銅若干

答曰五百六十斤

法以分母四通買銅八斤爲三十二分加入分子三共得三十五分是名通分內子以乘六十四兩得二千二百四十以分母四除之爲買銅斤也此整數帶零分乘整數也零分不可以乘故以分母通整數內子以乘而旣帶虛數故還以分母報除乃得眞數若整數帶零分乘整數帶零分者各以分母通整數內子兩數相乘再以兩分母相乘之數除之

문제11.15

지금 은 64냥이 있는데 매 냥으로 동 8근과 4분의 3근을 살 수 있다면 해당하는 동은 얼마인가?

답 560근이다.

15) $36.6 \times 2 = 73.2$, $73.2 \div 3 = 24.4$

법칙은 분모 4로서 사는 동 8근과 통분하면 32분이 되어 분자 3을 더하면 35분을 얻는다. 이것을 통분내자라 한다. 이에 64냥을 곱하면 2240을 얻으니 이에 분모 4로서 그것을 나누면 살 수 있는 동의 근이 된다. 이것이 정수와 더불어 있는 영분에 정수를 곱하는 것이다. 영분은 곱하는 것이 불가하므로 분모로서 정수내자를 통분하여 곱한 것이고 이미 있는 허수를 분모로서 다시 나눔으로서 진수(답)를 얻는다.[16] 만약 정수와 영분에 정수와 영분을 곱하는 것은 각 분모로서 정수를 통분하여 두 수 분자 내에서 서로 곱하고 다시 두 분모를 서로 곱하여 그 수를 나누는 것이다.[17]

問十一十六

今有甲數五分丈之三又帶此一分之四分之一與乙數五分丈之四又帶此一分之四分之二相乘問得幾何

答曰二百分丈之一百一十七

法以甲小分母四通大分母五得二十又通大分子三得十二加入小分子一得十三爲甲大小分變數又以乙小分母四通大分母五得二十又通大分

16) $8+\frac{3}{4}=\frac{32}{4}+\frac{3}{4}=\frac{35}{4}$, 통분내자 : $8\times 4+3=35$

$35\times 64=2240$, $2240\div 4=560$ (2240 → 허수, 2240 → 허수, 4 → 분모, 560 → 진수)

즉 $(8+\frac{3}{4})\times 64=(\frac{32}{4}+\frac{3}{4})\times 64=\frac{35\times 64}{4}=\frac{2240}{4}=560$

17) $(8+\frac{3}{4})\times(2+\frac{2}{3})=\frac{35}{4}\times\frac{8}{3}=\frac{280}{12}=23+\frac{4}{12}=23+\frac{1}{3}$

子四得十六加入小分子二得十八爲乙大小分變數乃以變數之甲乙分母各二十相乘得四百爲乘出之分母又以變數之甲分子十三與乙分子十八相乘得二百三十四爲乘出之分子約爲二百分之一百十七卽所求數也此大分下又帶小分相乘者之大小分母俱同者也其例有四焉有大小分母俱同者有大小分母俱不同者有大分母同而小分母不同者有大分母不同而小分母同者總以一法馭之以小分母通大分母爲母數又以小分母通大分子加入小分子爲子數然後以所變之兩母兩子各相乘

문제 11.16

지금 갑의 수는 5분의 3장과 이에 더불어 1분의 4분의 1과 을의 수 5분의 4장과 이에 더불어 1분의 4분의 2를 서로 곱하면 얼마인가?

답 200분의 117장이다.

법칙은 갑의 소분모 4로서 대분모 5와 통분하면 20을 얻고 또 대분자 3을 통분하면 12를 얻으니 소분자 1을 더하면 13을 얻어 갑의 대소분의 변수가 된다. 또 을의 소분모 4로서 대분모 5를 통분하면 20을 얻고 대분자 4를 통분하면 16을 얻으니 소분자 2를 더하면 18을 얻어 을의 대소분의 변수가 된다. 이에 변수의 갑 을 분모는 각 20으로 서로 서로 곱하면 400을 얻으니 곱한 결과로 나온 분모가 되고 또 변수의 갑 분자 13과 을 분자 18을 서로 곱하여 234를 얻으니 곱하여 나오는 분자가 되어 약분하면 200분의 117이 되어 구하고자 하는 수가 된다.

이와 같이 대분 아래에 또 더불어 소분을 서로 곱하는 것은 대소

분모를 서로 같게 하는 것이다. 이 예는 4가지가 있는데 곧 대소분모가 모두 같은 것이 있고, 대소분모가 모두 다른 때가 있다. 대분모가 같으나 소분모가 다를 때가 있고, 대분모가 다르나 소분모가 같을 때가 있다. 모두 다 한 가지 법칙으로 이것을 다루는데 소분모로서 대분모를 통분하여 분모수로 하고 또 소분모로서 대분자를 통분하여 소분자를 모두다 더하여 분자수로 한 후에 이로서 바라는 바의 변수로서 두 분모 두 분자를 서로 곱한 것이다.[18)]

問十一·十七

今有數九分丈之二以三分丈之一除之問得幾何

答曰三分丈之二

法以九分丈之二爲實三分丈之一爲法以法分母三除實分母九得三爲除出之分母又以法分子一除實分子二仍得二爲除出之分子卽所求數也此零分除零分法卽零分乘零分法之轉用者耳若以整數一爲法則實數不動而法不滿整數故當置實分子以法分子除之以法分母乘之今以法分母除實分母卽所以乘實分子也然多不受除故須用互乘代除以實分母九乘法分子一得九爲除出之分母又以法分母三乘實分子二得六爲除出之分

---

18) $(\frac{3}{5}+\frac{1}{5}\times\frac{1}{4})\times(\frac{4}{5}+\frac{1}{5}\times\frac{2}{4})$를 계산하면 즉

$\frac{3\times4}{20}+\frac{1}{20}=\frac{13}{20}$, $\frac{16}{20}+\frac{2}{20}=\frac{18}{20}$이므로 $\frac{13}{20}\times\frac{18}{20}=\frac{234}{400}=\frac{117}{200}$이다.

4가지에는 대·소 분모가 모두 같을 때, 대·소 분모가 모두 다를 때, 대분모가 같고 소분모가 다를 때, 대분모가 다르고 소분모가 같을 때, 네 경우는 모두 푸는 방법은 같다.

子共得九分丈之六約得三分之二其數仍同也以法分母乘實分子固所以除實分母也以法分子乘實分母亦所以除實分子也亦是前法之理也

문제11.17

지금 수 9분의 2장에서 3분의 1장을 나누면 얼마를 얻겠는가?

답 3분의 2장이다.

법칙은 9분의 2장을 실수로 하고 3분의 1장을 법수로 한다. 법수의 분모 3으로서 실수 분모 9를 나누면 3을 얻고 나누어 얻어진 분모가 된다. 또 법수의 분자 1로서 실수의 분자 2를 나누면 2를 얻으니 나누어 얻어진 분자가 된다. 즉 구하는 수가된다. 이와 같이 영분을 나누는 영분법은 영분 곱하기 영분법을 전용하는 것 일 뿐이다.

만약 정수 1로서 법수로 하면 실수는 부동이고 법수는 정수를 채울 수 없으므로 마땅히 실수의 분자를 두고, 법수의 분자로서 그것을 나누고 법수의 분모로서 그것을 곱한다. 지금 법수의 분모로서 실수의 분모를 나누면 즉 실수의 분자를 곱하는 이유이다. 그리한 후에 크서 나눌 수 없으므로 반드시 호승대제를 사용하여 실수의 분모 9로서 법수의 분자 1을 곱하여 9를 얻으니 나누어 나오는 분모로 삼는다. 또 법수의 분모 3으로서 실수의 분자 2를 곱하여 6을 얻고 나누어 나오는 분자가 되어 9분의 6을 얻으니 약분하면 3분의 2를 얻어 그 수는 동일하다. 법수의 분모로서 실수의 분자를 곱하면 마땅히 실수의 분모를 나누는 이유이다. 법수의 분자로서 실수의 분모를 곱하면 실수의 분자를 나누는 이유이다. 역시 이것은 앞의 법칙의 이치이다.[19]

問十一-十八

今有田五畝又三分畝之二共租銀五兩又二十七分兩之一求每畝得租銀幾何

答曰九分兩之八

法以銀分母二十七通五兩得一百三十五加入分子一得一百三十六共得二十七分兩之一百三十六爲實又以田分母三通五畝得十五加入分子二得十七共得三分畝之十七爲法乃以法分母三除實分母二十七得九以法分子十七除實分子一百三十六得八卽得九分兩之八爲每畝所租之銀數也用互乘代除法以銀分母二十七乘田分子十七得四百五十九爲除出分母以田分母三乘銀分子一百三十六得四百零八爲除出分子約得九分兩之八其數仍同也銀與田各通分內子仍爲分母不同故以銀分母通田數以田分母通銀數則銀與田數雖不同分則相同故可以除若以田四百五十九除銀四百八則當得兩下整數八仍餘實四百八是爲八錢又九分之八錢卽是九分兩之八也)

문제11.18

지금 밭이 5무와 3분의 2무가 있는데 모두 세금으로 은 5냥과 27분의 1냥을 내었다면 매 무당 세금으로 은을 얼마 내겠느냐?

답 9분의 8냥이다.

---

19) $\frac{2}{9}\div\frac{1}{3}=\frac{2\div 1}{9\div 3}=\frac{2}{3}$, $\frac{2}{9}\times\frac{3}{1}=\frac{2\times 3}{9\times 1}=\frac{6}{9}=\frac{2}{3}$ 호승대제법

법칙은 은 분모 27로서 5냥과 통분하여 135를 얻고 분자 1을 더하면 136을 얻으니 모두 27분의 136냥을 얻어 실수가 된다. 또 밭의 분모 3으로서 5무와 통분하여 15를 얻고 또 분자 2를 더하면 17이 되어 모두 3분의 17무를 얻으니 법수가 된다. 이에 법수의 분모 3으로서 실수의 분모 27을 나누면 9를 얻고 법수의 분자 17로서 실수의 분자 136을 나누면 8을 얻으니 즉 9분의 8냥을 얻어 매 무의 마땅한 세금의 은의 수이다. 호승대제법을 사용하여 은의 분모 27에 밭의 분자 17을 곱하여 459를 얻어 나누어 나온 분모가 되고 밭의 분모 3으로서 은의 분자 136을 곱하여 408을 얻어 나누어 나온 분자가 되어 약분하여 9분의 8냥을 얻으니 그 수는 동일하다.

은의 수와 밭의 수를 통분내자 하면 분모가 같지 않으므로 은의 수의 분모로서 밭의 수를 통분하고, 밭의 수의 분모로서 은의 수를 통분하면 곧 은의 수와 밭의 수가 비록 다를지라도 분모는 서로 같아지므로 나눌 수 있다. 만약 밭 459로서 408을 나누면 마땅히 냥 아래 정수 8을 얻으니 이에 실수 408이 남고 이것이 8전이되고 또 9분의 8전 즉 9분의 8냥이다.[20]

問十一十九

今有甲八分丈之七又帶此一分之五分之三以乙五分丈之二又帶此一分之四分之一除之問得幾何

20) $5+\frac{2}{3}=\frac{15+2}{3}=\frac{17}{3}$ 법수 $5+\frac{1}{27}=\frac{135+1}{27}=\frac{136}{27}$ 실수

$\frac{136}{27}\div\frac{17}{3}=\frac{136\div 17}{27\div 3}=\frac{8}{9}$, $\frac{136}{27}\times\frac{3}{17}=\frac{408}{459}=\frac{8\times 51}{9\times 51}=\frac{8}{9}$ 호승대제법

答曰二丈又九分丈之一

法以甲小分母五通大分母八得四十又通大分子七得三十五加入小分子三得三十八共得四十分丈之三十八爲甲大小分變數爲實又以乙小分母四通大分母五得二十又通大分子二得八加入小分子一得九共得二十分丈之九爲乙大小分變數爲法用互乘代除法以變數之甲分母四十乘乙分子九得三百六十爲除出分母又以變數之乙分母二十乘甲分子三十八得七百六十爲除出分子滿分母得整數二丈餘三百六十分丈之四十約得九分丈之一卽所求數也

문제11.19

지금 갑 8분의 7장과 이에 더불어 1분의 5분의 3이 있는데, 을 5분의 2장과 이에 더불어 1분의 4분의 1을 나누면 얼마를 얻을 수 있는가?

답 2장과 9분의 1장이다.

법칙은 갑의 소분모 5로서 대분모 8과 통분하여 40을 얻고 대분자 7을 통분하여 35를 얻어 소분자 3을 더하면 38을 얻고 모두 40분의 38장을 얻으니 갑의 대소분수의 변수로서 실수가 된다. 또 을의 소분모 4로서 대분모 5를 통분하여 20을 얻고 또 대분자 2를 통분하여 8을 얻으니 소문자 1을 더하면 9를 얻고 공히 20분의 9장을 얻으니 을의 대소분수의 변수로서 법수가 된다. 호승대제법을 사용하여 변수의 갑의 분모 40에 을의 분자 9를 곱하여 360을 얻으니 나누어 나온 분모가 되고 또 변수의 을의 분모 20을 갑의 분자 38에 곱하여

760을 얻으니 나누어 나온 분자가 된다. 분모를 채우니 정수로서 2장을 얻고 360분의 40장이 남아 약분하면 9분의 1장을 얻으니 즉 구하는 수이다.[21]

21) $(\frac{7}{8}+\frac{1}{8}\times\frac{3}{5})\div(\frac{2}{5}+\frac{1}{5}\times\frac{1}{4})$

$\frac{35}{40}+\frac{3}{40}=\frac{38}{40}$ 실수

$\frac{8}{20}+\frac{1}{20}=\frac{9}{20}$ 법수

호승대제법 $\frac{38}{40}\div\frac{9}{20}=\frac{38}{40}\times\frac{20}{9}=\frac{760}{360}=2+\frac{40}{360}=2+\frac{1}{9}$

12 개평방법(開平方法)

「平方者縱橫相等之四方面也以邊求積則用自乘以積求邊則用開平方開之之法畧與歸除等而除則有實有法開方則有實無法惟其自乘爲積故商得自乘之數以除之且自乘者必進一位故商數之定位也常超二位而命之如十自乘爲百百自乘爲萬千自乘爲百萬故商數之十位定於實數之百位商數之百位定於實數之萬位商數之千位定於實數之百萬位皆超二位而命之初商以後兩廉生焉卽初商再商相乘數至於多商愈長而愈細也初商再商倂之爲長故愈長三商數少於再商數故愈細」

평방이라는 것은 가로, 세로가 서로 같은 사방의 면적이다. 변으로서 면적을 구할 때에는 자승을 이용하고, 면적으로서 변을 구할 때에는 개평방을 사용하는데 개평하는 법칙은 대략 제법과 대등하게 돌아가지만 제를 하면 실수가 있고 법수가 있지만 개방을 하면 실수는 있으나 법수는 없고 오로지 그 자승으로서 면적을 삼으므로 나누어 자승의 수를 얻어 그것으로서 제하는 것이다. 단, 자승을 하는 것은 반드시 한 자리 나아가므로 나누어 얻은 수의 자리를 정하는 것은 항상 두 자리를 건너뛰어 그 자리를 정한다.

가령 십을 자승하면 백이 되고 백을 자승하면 만이 되고 천을 자승하면 백만이 되므로 상수의 십의 자리는 실수의 백의 자리수로 정하고 상수의 백의 자리는 실수의 만의 자리로 정하고 상수의 천의 자리는 실수의 백만 자리에 정하듯 모두다 두 자리를 뛰어서 그 자리를 정한다.

처음 나눈 이후에 두 쪽의 염법수가 생기면 즉 초상[1)]과 재상[2)]은 서로 곱한 수이다. 많이 나눌수록 숫자가 더욱 길어져 더욱 세밀해진다. 초상과 재상을 더하면 길어지므로 더욱 길어져 삼상수[3)]는 재상수에 비해 작으므로 더욱 세밀하다.

問十二-一

設正方面積三十六尺問每一邊幾何

答曰六尺

法列三十六尺爲實借一算於六尺之下名曰隅法商得可合於六尺自乘之數故置商數六尺於實六尺位之上與隅法相乘得六尺置於實數之下隅法之上名曰廉法仍與商數相乘得三十六尺以減實恰盡所商六尺卽每一邊也

문제12.1

정사각형의 면적이 36척이라면 각 변은 얼마인가?

---

1) 나누어 얻은 첫 번째 수(몫)
2) 나누어 얻은 두 번째 수(몫)
3) 나누어 얻은 세 번째 수(몫)

답 6척이다.

법칙은 36척을 나열하여 실수로 하고 산가지 1(一算)을 6척 아래에서 이름하여 우법수라 하는데 나누어 얻은 것이 6척의 자승수에 합당하므로 상수(몫)인 6척을 실수 6척의 위에다 두어 우법수와 더불어 서로 곱하여 6척을 얻어서 실수의 아래 우법수의 위에 두고 이름하여 염법수라 하고, 이에 상수와 더불어 서로 곱하여 36척을 얻어서 실수에서 감하면 모두 없어지므로 나누어 얻은 6척이, 즉 각 한 변이다.

問十二-二

今有方臺上面鋪方甎四千九十六塊問每邊方甎若干

答曰六十四塊

法列四千九十六塊爲實借一算於六塊之下名曰隅法因實爲十自乘積以上故超進於實百空位之下乃商得六十於實百空位之上與隅法相乘得六十置之隅法之上爲廉法隅法旣超位故商得數亦超置廉法亦隨以超位假令商百置實萬位之上則廉法之百亦居萬位之下至於一退與商十相乘則居千位之下再退與商得單位相乘則始復本位居實百位之下也初商爲十置實百位之上則廉法之十亦居實百位之下退與商得單位相乘之時復本位居實十位之下仍與商數相乘得三千六百以減實餘四百九十六塊爲次商實又以隅法乘初商數六十加於廉法得一百二十卽初商之二倍於是廉法退一位隅法退二位次商得四塊於餘實六塊之上以廉法商除次商實得次商數與隅法相乘得四塊加於廉法得一百二十四仍與次商數相乘得

四百九十六塊減次商實恰盡以初商數次商數併之得六十四塊爲每邊方甎如圖甲大方爲初商自乘方乙丙二長方俱以初商爲長次商爲闊卽兩廉丁小方爲次商自乘方也

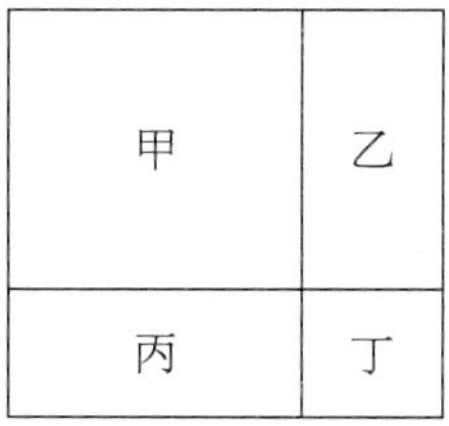

그림 (1)[4]

문제 12.2

지금 사각형의 대 윗면을 사각형 벽돌 4096괴[5]로 덮었다면 각 변의 사각형의 벽돌은 몇 개인가?

답 64괴이다.

법칙은 4096괴를 나열하여 실수로 하고 산가지 1을 6괴의 아래에 이름하여 우법수라 하는데 실수로서 십의 자승곱은 그 이상이므로 실수 백의 빈자리 아래에 건너 뛰어 나아간다. 이에 나누어 실수 백의 빈자리 위에 6십을 얻고, 더불어 우법수와 서로 곱하여 6십을 얻으니 그것을 우법수 위에 두어 염법수로 한다. 우법수는 이미 위치

---

4)

甲	乙
丙	丁

甲 ; 60×60 (초상의 자승수)
乙과 丙 ; 60×4 (염법수)
丁 ; 4×4 (차상의 자승수)

5) 괴는 덩어리를 뜻함

를 건너뛰므로 상득수 (나누어 얻는 수) 역시 건너 뛰어 둔다. 염법수도 역시 따라서 자리를 건너뛴다.

가령 상수의 100을 실수의 만의 위치에 두면, 즉 염법수의 100도 역시 만 자리의 아래에 둔다. 한 자리를 물려서 상수의 10과 서로 곱하게 될 때 천의 자리 아래에 있게 하고, 다시 한번 물려서 나누어 얻는 단위를 서로 곱하면 비로소 본 자리인 실수 백의 자리의 아래에 있게 하는 것이다. 처음 상(商)이 10이 되어 실수의 백의 자리 위에 두게 되면 염법수의 10도 역시 실수의 백 자리의 아래에 두게 되어 물려서 상득수의 단위와 더불어 서로 곱할 때에, 비로소 본 자리로 돌아가 실수의 십 자리의 아래에 있게 된다.

이어서 상수와 더불어 서로 곱하여 3600을 얻어서 실수를 감하고 남은 496괴를 차상실로 삼는다. 또 우법수로서 초상 60을 곱하여 염법수에 더하면 120을 얻는다. 즉 초상의 2배이다. 이에 염법수는 한 자리 물리고 우법수는 두 자리 물려서 차상은 남은 실수 6괴의 위에서 4괴를 얻는다. 염법수로서 차상실을 나누어 제하면 차상수를 얻는다. 우법수와 더불어 서로 곱하여 4괴를 얻고 염법수에 더하면 124를 얻으니, 이에 차상수와 더불어 서로 곱하여 496을 얻어 차상실을 감하면 모두 없어지므로 초상과 차상을 더하면 64괴를 얻어 매변의 사각형 벽돌의 수가 된다.

그림(1)에서 갑의 큰 사각형은 초상(처음 商)으로 얻어 그것으로 제곱한 사각형이고 을, 병의 2개의 직사각형은 모두다 초상을 길이로 하고 차상으로 너비가 된 것으로 즉 두 염법수이다. 정의 작은 사각형은 차상을 제곱한 사각형이다.

問十二-三

今有正方面積五丈四十七尺五十六寸問每一邊若干自乘之數百寸爲尺百尺爲丈故實積有十尺十寸之數

答曰二丈三尺四寸

法列五丈四十七尺五十六寸卽五萬四千七百五十六寸爲實超置隅法於實五丈位之下乃商得二丈卽二百寸於實五丈位之上與隅法相乘得二丈置之隅法之上爲廉法仍與商數相乘得四丈卽四萬寸以減實餘一丈四十七尺五十六寸爲次商實又以隅法乘初商數二丈加於廉法得四丈卽初商之二倍四百寸於是廉法退一位隅法退二位次商得三尺卽三十寸於餘實七尺位之上餘隅法相乘得三尺加於廉法得四十三尺仍與次商相乘得一丈二十九尺卽一萬二千九百寸以減次商實餘十八尺五十六寸爲三商實又以隅法乘次商得三尺加於廉法得四十六尺卽初商次商共數之二倍四百六十寸於是廉法退一位隅法退二位三商得四寸於餘實六寸位之上與隅法相乘得四寸加於廉法得四百六十四寸仍與三商相乘得十八尺五十六寸卽一千八百五十六寸以減三商實恰盡以初商次商三商併之得二丈三尺四寸爲每一邊

문제 12.3

지금 정사각형의 면적이 5장[6] 47척 56촌이면 한 변은 얼마인가? 자승의 수로서 100촌이 척이 되고 100척이 장이 되므로 실수의 면적에서 10척과 10촌의 수가 있다.

6) 길이의 단위로 1丈=10尺, 면적의 단위로 一丈=100尺.

답 2장 3척 4촌이다.

법칙은 5장 47척 56촌을 나열하고 즉 54756촌을 실수로 하고 실수의 5장의 위치 아래에 우법수를 건너뛰어 두고 이에 나누어서 2장을 얻는다. 즉 200촌이다. 실수의 5장 위치의 위에 우법수와 더불어 서로 곱하여 2장을 얻어 우법수의 위에 그것을 두고 염법수라 한다.

이에 상수와 더불어 서로 곱하여 4장을 얻고, 즉 40000촌 이것을 실수에서 감하면 1장 47척 56촌이 남으니 차상실로 삼는다. 또 우법수로서 초상수 2장을 곱하여 염법수에 더하면 4장을 얻는다. 즉 초상의 2배 400촌이다. 이에 염법수를 한 자리 물리고 우법수는 두 자리 물려서 차상 3척을 얻는다. 즉 30촌이다. 나머지 실수 7척 자리 위에서 우법수와 더불어 곱하면 3척을 얻어 염법수에 더하면 43척을 얻어 이에 차상수를 서로 곱하여 1장 27척 즉 12700촌을 얻어 차상실에서 빼면 18척 56촌이 남아 이것을 삼상실로 삼는다. 또 우법수로서 차상을 곱하여 3척을 얻어 염법수에 더하여 46척을 얻는다. 즉 초상, 차상 모두의 수의 2배 460촌을 얻어 이에 염법수를 한 자리 물리고 우법수는 두 자리 물려서 삼상 4촌을 얻어 나머지 실수의 6촌의 자리의 위에서 우법수와 더불어 서로 곱하면 4촌을 얻어 염법수에 더하면 464촌을 얻어 이에 삼상과 서로 곱하면 18척 56촌을 얻는다. 즉 1856촌을 얻으니 이것으로 삼상실을 감하면 모두 없어지므로 초상, 차상, 삼상을 더하면 2장 3척 4촌이 각 한 변이 된다.

問十二-四

今有正方面積八十二萬六千二百八十一尺問每一邊若干

答曰九百零九尺

法列八十二萬六千二百八十一尺爲實超置隅法於實二萬位之下乃商得九百於實二萬位之上與隅法相乘得九百置之隅法之上爲廉法仍與商數相乘得八十一萬以減實餘一萬六千二百八十一尺爲次商實又以隅法乘初商數九百加於廉法得一千八百於是廉法退一位隅法退二位仍無次商數若有次商十與廉法相乘則當得一萬八千過於次商實故無次商數乃記空位於餘實二百位之上而以次商實仍爲三商實又零法退一位隅法退二位乃三商得九尺於餘實一尺位之上與隅法相乘得九尺加於廉法得一千八百零九尺仍與三商數相乘得一萬六千二百八十一尺以減三商實恰盡以初商三商併之得九百零九尺爲每一邊

문제 12.4

지금 정사각형 면적이 826281척이면 한 변은 얼마인가?

답 909척이다.

법칙은 826281척을 나열하여 실수로 삼고 실수의 20000자리 아래에 건너뛰어 우법수를 두고 이에 나누어 900을 얻는다. 실수 20000 위치의 위에서 우법수와 서로 곱하여 900을 얻어 우법수의 위에 그것을 두어 염법수로 한다. 이에 상수와 서로 곱하여 810000을 얻으니 이것을 실수에서 감하면 나머지가 16281척으로 차상실이 된다. 또 우법수로서 초상 900을 곱하여 염법수에 더하면 1800을 얻는다. 이에 염법수를 한 자리 물리고 우법수는 두 자리 물리면 차상수가 없다. 가령, 차상 10이 있으면 염법수와 더불어 서로 곱하면, 즉 마땅히 18000을 얻어 차상실보다 크므로 차상수가 없다. 이에 나머지 실수 200자리 위에 0을 기록한다. 이로써 차상실로서 삼상실로 삼는다. 또 0의 염법수를 한 자리 물리고 우법수는 두 자리 물려서 이에 삼상 9척을 얻는다. 나머지 실수 1척 위치의 위에 우법수를 서로 곱하여 9척을 얻어 염법수에 더하면 1809척을 얻으니 이에 삼상수를 서로 곱하면 16081척을 얻어 삼상실을 빼면 모두 없어지므로 초상, 삼상을 더하면 909척을 얻고 각 한 변이 된다.

問十二-五

設正方面二千五百尺問每一邊若干

答曰五十尺

法列二千五百尺爲實補足兩空位以存單位以隅法起單位超置實五百尺位之下乃商得五十於實五百尺位之上與隅法相乘得五十置之隅法之上爲廉法仍與商數相乘得二千五百尺以減實恰盡所商五十尺爲每一邊

문제12.5

가령 정사각형 면적이 2500척이라면 한 변은 얼마인가?

답 50척이다.

법칙은 2500을 나열하여 실수로 하고 두 빈자리를 보충하여 단의 위치가 있는 것으로 보고 우법수로서 단의 위치에서 시작하여 건너뛰어 실수 500의 자리의 아래에 두고 이에 나누어 50을 얻고 실수 500척 자리 위에서 우법수와 서로 곱하여 2500을 얻어 실수에서 감하면 다 없어지므로 나누어 50척이 각 한 변이 된다.

13 대종평방법(帶縱平方法)

「帶縱平方者長方之面也以邊求積則長闊相乘而以積求邊也必帶長闊之較或長闊之和然後可用開方故謂之帶縱」

대종평방1)이라는 것은 직사각형의 면적이다. 변으로서 면적을 구하는 것은 길이와 너비를 서로 곱하는 것이고 면적으로서 변을 구하는 것이다. 반드시 함께 길이와 너비를 교(차를 계산)하던지 혹은 길이와 너비를 합한 후에 개방법을 사용할 수 있으므로 소위 그것을 대종2)이라 한다.

問十三-一

今有長方面積四十八尺長闊較二尺問長闊各若干

曰長八尺闊六尺

法列四十八尺爲實列較二尺爲縱廉於次置隅法一算於下乃商得六尺

1) 대종평방법; 면적과 길이, 너비의 차 또는 합을 알고 길이 및 너비 구하는 방법.
2) 대종; 길이와 너비 합과 차를 계산한 후 개방하는 법 또, 대(帶)란 정방형과 장방형을 비교하기 위한 용어임.

於實八尺位之上與隅法相乘得六尺加於縱廉得八尺仍與商數相乘得四十八尺減實恰盡所商六尺爲闊加長闊較爲長也此較數帶縱法也所商爲闊而加長闊較與闊相乘則爲長闊相乘數故除得長方積恰盡

又法列四十八尺爲實列較二尺爲縱廉於次置隅法一算於下乃商得八尺於實八尺位之上與隅法相乘得八尺內減去縱廉二尺餘六尺爲廉法與商數相乘得四十八尺減實恰盡所商八尺爲長減長闊較爲闊也此法所商爲長而減長闊較與長相乘則爲長闊相乘數故除得長方積恰盡或稱減縱平方法

古法四因直積得一百九十二尺又以長闊較自乘得四尺上併得一百九十六尺爲實開平方得十四尺卽長闊和加較半之爲長減較半之爲闊如圖甲壬邊爲長子丁丑丙癸乙三邊皆等壬乙邊爲闊甲子丁丑丙癸三邊皆等今四因直田積得甲壬己子等長方積四段又加戊己庚辛較冪則成甲乙丙丁和冪故開方得和

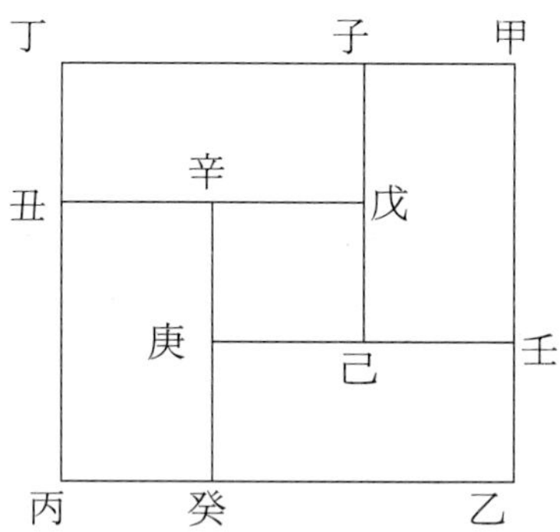

그림 (2)

或以半較一尺自乘得一尺以加直田積得四十九尺爲實開平方得七尺卽半和與半較一尺相加爲長相減爲闊邊爲折半則積爲四分之一故直田

積一段與半較冪相併得半和冪亦只是前圖之理也

문제 13.1

지금 직사각형 면적이 48척이고 길이가 너비보다 2척이 더 길면 길이와 너비는 각 얼마인가?

답 길이가 8척이고 너비는 6척이다.

법칙은 48척을 나열하여 실수로 하고 차 2척을 나열하여 종염법수로 삼아 우법수 1을 다음에 두고 아래에서 계산하면 이에 나누어 6척을 얻고 실수 8척의 자리 위에서 우법수와 서로 곱하여 6척을 얻어 종염법수에 더하여 8척을 얻는다. 이에 상수와 더불어 서로 곱하면 48척을 얻어 실수에서 감하면 모두 없어지므로 상 6척을 너비로 삼아서 길이와 너비의 차를 더하면 길이가 된다.

이것이 교수대종법[3]이다.

묻인 것이 너비가 되어 길이와 너비의 차를 더하여 너비와 서로 곱하면 길이와 너비를 서로 곱한 수로서 제하여 얻은 것은 직사각형 면적과 같다.

또 법칙은 48척을 나열하여 실수로 삼고 차 2척을 나열하여 종염법수로 삼아 다음에 우법 수1을 두고 그 아래에서 계산한다. 이에 나누어 8척을 얻어 실수 8척 자리 위에서 우법수와 더불어 서로 곱하여 8척을 얻어 그 안에서 종염법수 2척을 감해 버리면 6척이 남아

3) 교수대종법은 길이를 구하는 방법으로 먼저 구한 너비와 차(較)를 더하여 얻는 방법이다.

염법수가 된다. 상수와 더불어 서로 곱하면 48척을 얻어 실수에서 감하면 모두 없어지므로 상 8척을 길이라 하고 길이와 너비의 차를 감하면 너비가 된다. 이 법은 나누어 얻은 바를 길이로 삼고 이에 길이와 너비의 차를 감하여 길이와 더불어 서로 곱하면, 즉 길이와 너비를 서로 곱한 수로서 제하여 얻은 것은 직사각형 면적과 모두 같아서, 혹은 감종평방법[4]이라고 칭한다.

옛날 법은 4로서 직접 곱하면 192척을 얻고 또 길이와 너비의 차를 자승하여 4척을 얻어서 서로 더하면 196척을 얻어 실수로 삼아 개평방으로 14척을 얻는다. 즉 길이와 너비를 더한 값에서 차를 더하여 그것의 반을 길이로 삼고 차를 감하여 그것의 반을 너비로 삼는다.

그림 (2)와 같이 갑임변을 길이로 삼고 자정, 축병, 계을 3변은 모두 같으므로 임을변을 너비로 삼고, 갑자. 정축, 병계 3변은 모두 같다. 지금 4를 곱하여 직사각형 밭의 면적 갑임기자 같은 직사각형 면적 4단을 얻는다. 또 무기경신 차의 자승을 더하면 갑을병정을 이루어 합의 제곱이 되므로 개평방으로 합을 얻는다.[5]

혹은 차의 반 1척으로 제곱하여 1척을 얻으므로 직사각형 밭의 면적에 더하므로 49척을 얻으니 실수로 삼아 개평방으로 7척을 얻는다. 즉 합의 반과 차의 반 1척을 서로 더하여 길이로 삼고 서로 감하여 너비로 삼는다.[6]

---

4) 감종 평방법은 너비를 구하는 방법으로 먼저 구한 길이와 차(較)를 감하여 얻는 방법이다.

5) 그림 (2)로부터 길이 a, 너비 b라 하면 $4ab+(a-b)^2=(a+b)^2$이 된다.

6) $(a+b)+(a-b)=2a$ 따라서, $\frac{(和+較)}{2}=a$. $(a+b)-(a-b)=2b$ 따라서, $\frac{(和-較)}{2}=b$이다.

변이 절반이 되면 면적은 4분의 1이 되므로 직사각형 면적 1단과 차의 반의 제곱을 서로 더하면 합의 반의 제곱을 얻는다. 역시 이것도 앞의 그림의 이치이다.

問十三-二

今有直田積八百六十四步長闊較十二尺問長闊各幾何

答曰長三十六步闊二十四步

法列八百六十四步爲實於相列較十二尺爲縱廉於次置隅法一算於下於是縱廉進一位隅法超二位乃商得二十於實八百位之上與隅法相乘得二十加於縱廉得三十二仍與商數相乘得六百四十以減實餘二百二十四步爲次商實又以隅法乘商數二十加於廉法得五十二仍退一位隅法退二位次商得四步於餘實四步位之上與隅法相乘得四步加於廉法得五十六步仍與次商相乘得二百二十四步以減次商實恰盡以初商次商併之得二十四步爲闊加較爲長

又法帶縱列位縱廉進一位隅法超二位乃商三十於實八百位之上與隅法相乘得三十內減去縱廉十二得十八爲廉法仍與商數相乘得五百四十以減實餘三百二十四步爲次商實又以隅法乘初商數三十加於廉法得四十八仍退一位隅法退二位次商得六步於餘實四步位之上與隅法相乘得六步加於廉法得五十四步仍與次商相乘得三百二十四步以減次商實恰盡以初商次商併之得三十六步爲長減較爲闊

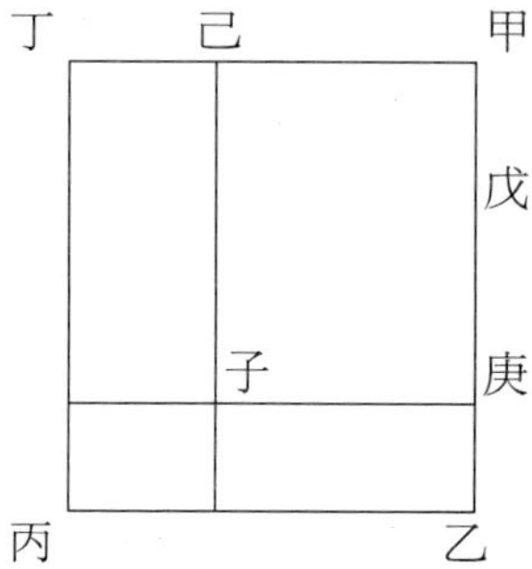

그림 (3)

「如圖甲乙丙丁長方面甲乙爲長乙丙爲闊甲戊爲長闊較求闊則甲己爲初商數二十與戊庚等以戊庚初商數與甲戊較相併得甲庚三十二與甲己初商數相乘得甲庚子己面積減實而庚子二十與子己三十二爲其兩廉求長則甲庚爲初商數三十內減甲戊較餘戊庚十八卽甲己仍與甲庚初商數相乘得甲庚子己面積減實而庚子十八與子己三十爲其兩廉故並初商以後與開平方常法同也

古法四因直田積得三千四百五十六步又以長闊較自乘得一百四十四步相併得三千六百步爲實開平方得六十步卽長闊和加較半之爲長減較半之爲闊或以半較六步自乘得三十六步以加直田積得九百步爲實開平方得三十步卽半和與半較六尺相加爲長相減爲闊」

문제 13.2

지금 직사각형 밭의 면적이 864보로서 길이와 너비의 차가 12척이면 길이와 너비는 각 얼마인가?

답 길이는 36보[7]이고 너비는 24보이다.

법칙은 864보를 나열하여 실수로 삼아 위에 두고 교(차) 12척은 종염법수로 삼아 그 나열은 다음에 둔 우법수 1의 아래에서 계산하는데 이에 종염법수가 한 자리 나아가면 우법수는 두 자리 건너뛰어서 이에 실수 800의 자리 위에서 상으로 20을 얻고 우법수와 서로 곱하여 20을 얻어서 종염법수를 더하면 32를 얻어 이에 상수를 서로 곱하면 640을 얻어 이로써 실수에서 감하면 224보가 남으니 차상실이 된다. 또 우법수로서 상수 20을 곱하여 염법수에 더하면 52를 얻고 이에 한 자리 물리고 우법수는 두 자리 물려서 차상을 얻으니 4보로서 남은 실수의 4보 위치의 위에서 우법수와 서로 곱하면 4를 얻고 염법수에 더하면 56을 얻어 이에 차상과 서로 곱하여 224보를 얻으니 이로서 차상실에서 감하면 모두 없어지므로 초상과 차상을 더하면 24보를 얻어 너비로 삼고 차를 더하여 길이로 삼는다.

또 법칙은 대종열위로 종염법수가 한 자리 나아가면 우법수는 두 자리 건너뛰어 이에 8백 자리의 위에서 상 30과 우법수를 서로 곱하여 30을 얻어 그 안에서 종염수 12를 빼버리면 18을 얻어 염법수로 삼는다. 이에 상수와 서로 곱하면 540을 얻어서 실수에서 감하면 324보가 남으니 차상실로 삼는다. 또 우법수로 초상수를 곱한 30을 염법수에 더하면 48을 얻고 이에 한 자리 물리면 우법수는 두 자리 물려서 실수 4보의 자리의 위에서 6보를 얻어 우법수와 서로 곱하면 6보를 얻고 염법수에 더하면 54보를 얻는데 이에 차상과 서로 곱하면 324보를 얻어 이로서 차상실에서 감하면 모두 없어지므로 초상, 차상을 더하면 36보를 얻으니 길이로 삼고 차를 감하여 너비로 삼는다.

---

7) 길이의 단위임과 동시에 넓이의 단위. 길이 1보는 사람 두 걸음에 해당하는 보폭의 길이로 6척이고 사방 1보의 넓이를 "넓이 1보"라 함.

그림 (3)에서와 같이 직사각형 갑을병정에서 갑을을 길이로 삼고 을병을 너비로 삼는다. 갑무를 장활교(길이와 너비의 차)라 하여 너비를 구한다면 갑기는 초상수 20으로 삼고 무경도 같게 한다. 무경으로서 초상수와 갑무교를 서로 더하면 갑경으로 32를 얻으니 갑기인 초상수를 서로 곱하면 갑경자기 면적을 얻어 실수에서 감하고 경자 20과 자기 32를 그 두 염법수로 삼아 길이를 구하는 것이다. 즉 갑경을 초상수 30으로 삼아 그 안에서 갑무교를 감하면 무경 18이 남는다. 즉 갑기와 이에 갑경 초상수를 서로 곱하여 갑경자기 면적을 얻어 실수에서 감하면 경자 18과 자기 30은 그 두 염법수가 되므로 초상과 아울러 그 후로는 개평방의 일반적인 방법과 동일하다.

옛날 법칙은 4를 곱하여 (즉 직사각형의 면적에 4배를 하면) 직사각형 면적은 3456보를 얻고 또 길이와 너비의 차를 제곱하면 144보를 얻으니 서로 더하면 3600보를 얻어 실수로 삼고 개평방하면 60보를 얻는다. 즉 길이와 너비의 합이다. 이에 차를 더하면 그 반은 길이가 되고 이에 차를 감하면 그 반은 너비가 된다.

혹은 차의 반 6보를 제곱하면 36보를 얻으니 직사각형 면적에 더하면 900보를 얻어 실수로 삼아 개평방하면 30보를 얻으니 즉 합의 반으로서 차의 반 6척을 서로 더하면 길이가 되고 서로 감하면 너비가 된다.[8)]

---

8) a를 길이, b를 너비라 하면
$a-b=12 \Rightarrow (a-b)^2=144 \;\therefore\; 4ab+(a-b)^2=(a+b)^2=3600 \Rightarrow a+b=60$
$\therefore\; a=36,\; b=24$

問十三-三

今有直田積一萬三千六十八步長闊較一百三十二步先求長若干

答曰長一百九十八步闊六十六步

法列一萬三千六十八步爲實於上列一百三十二步爲縱廉於次置隅法一算於下於是縱廉進二位隅法超四位乃商得一百於實一萬位之上與隅法相乘得一百減於縱廉餘三十二爲廉法仍與商數相乘得三千二百加於直積得一萬六千二百六十八步爲次商實又以隅法乘初商數一百內減廉法三十二得六十八爲廉法仍退一位隅法退二位次商得九十於實二百位之上與隅法相乘得九十加於廉法得一百五十八仍與次商相乘得一萬四千二百二十以減次商實餘二千四十八步爲三商實又以隅法乘次商數得九十加於廉法得二百四十八仍退一位隅法退二位三商得八步於餘實八步位之上與隅法相乘得八步加於廉法得二百五十六仍與次商相乘得二千四十八步以減三商實恰盡以初商次商三商併之得一百九十八步爲長減較爲闊

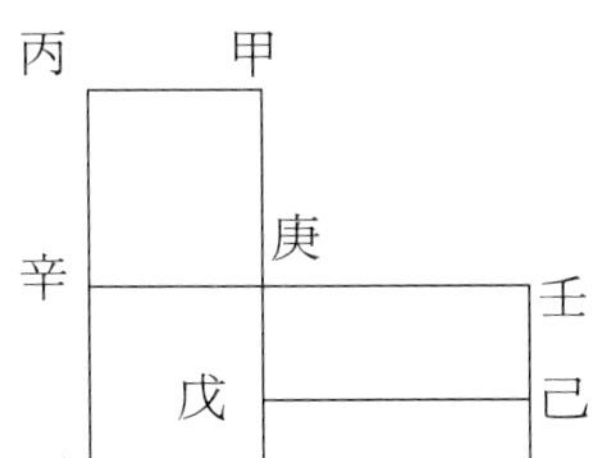

그림 (4)

如圖甲乙丙丁長方面甲乙爲長戊乙爲闊與甲丙等甲戊爲長闊較甲庚爲初商數與庚壬等甲庚辛丙面以初商數爲長以原闊爲闊故移作己癸乙戊面成己癸丁辛庚戊磬折形今以初商數一百減於長闊較餘庚戊三十二爲廉法仍與壬庚初商數一百相乘得壬己庚戊面以加磬折形則補成壬癸丁辛長方面其長癸丁卽原闊加初商數也其闊辛丁卽原長去初商數也其較爲壬庚與庚戊之較故初商數壬庚內減廉法庚戊餘六十八爲縱廉求得辛丁闊倂丙辛初商數卽丙丁原長也或稱益積平方法

凡數彼此相形乘除生焉一彼一此是爲法實至於開方之法有廉隅各層而其中有與實同類者則算家名以正負以別之正負者多少也次多則彼少彼多則此少要在正負相當而已法與實原爲異名而隅法卽商數自乘積縱廉卽商數幾倍凡自乘之積加商數幾倍與實積等是爲正負相當而隅與縱廉爲同名也若自乘積內減去商數幾倍與實積等則縱廉爲實之同類而與隅法爲異名或商數幾倍內減去自乘數與實積等則隅法爲實之同類而與縱廉爲異名亦皆正負相當也立方三乘方以至諸乘方皆倣此其用則須辨主客以兩宗加減者同名爲主故相加者同加異減相減者同減異加以一宗開除者與實異名爲法之主故廉隅諸法同加異減然後與實相較也較數帶縱之求長者卽隅爲法之主而縱廉爲異名故隅卽隅乘商數也與縱廉相減爲法而至於益積平方相減之餘仍是縱廉之餘實同名故以乘商數與實相加而再用隅內減縱廉之餘得與隅同名之數爲法除實盖減縱平方之變例也

문제 13.3

지금 직사각형 밭의 면적이 13068보이고 길이와 너비의 차가 132보이면 길이를 먼저 구하면 얼마인가?

답 길이가 198보이고 너비는 66보이다.

법칙은 13068보를 실수로 삼아 위에 나열하고, 132보를 종염수로 삼아 다음에 나열하고, 우법수 1를 두어 아래에서 계산하는데 이에 종염법수를 두 단위 나아가면 우법수는 건너뛰어 4단위 나아가서 이에 나누어 얻은 수(상)를 실수 10000자리의 위에서 100을 얻고 우법수와 더불어 서로 곱하여 100을 얻어 종염법수에서 감하여 나머지 32를 염법수로 한다. 이에 상수와 서로 곱하여 3200을 얻어 직사각형 면적에 더하면 16268보를 얻으니 차상실로 삼는다. 또 우법수에 초상수 100을 곱하여 그 안에서 염법수 32를 감하면 68을 얻고 염법수로 삼는다. 이에 한자리 물리면 우법수는 두 자리 물리고 차상을 200자리 위에서 90을 얻고 우법수와 더불어 서로 곱하여 90을 얻어 염법수에 더하면 158을 얻으니 이에 차상과 더불어 곱하면 90을 얻고 염법수에 더하면 248을 얻어 이에 한자리 물리면 우법수는 두 자리 물려서 삼상 8보를 얻으니 나머지 실수 8보 위치의 위에서 우법수와 더불어 서로 곱하면 8보를 얻으니 염법수에 더하여 256을 얻고 이에 차상과 더불어 곱하여 2048보를 얻어 이로써 삼상실을 감하면 모두 없어지므로 이로써 초상, 차상, 삼상을 더하면 198보를 얻으니 길이가 되고, 차를 감하면 너비가 된다.

그림(4)의 직사각형 갑을병정에서 갑을은 길이로 삼고 무을은 너비로 삼아 갑병과 같게하고 갑무는 길이와 너비의 차로 삼고 갑경은 초상수로 삼아 경임은 같게 잡는다. 갑경신병 면적은 초상수로서 길이가 되고 원래의 너비로써 너비가 되므로 옮겨서 기계을무의 면을 만들어 경절형[9] 기계정신경무가 만들어진다. 지금 초상수 100으로서 장활교를 감하니 나머지 경무 32로서 염법수로 삼는다. 이에 임경 초상수 100과 더불어 서로 곱하면 임기경무의 면을 얻으니 이로써 경절형에 더하여 보충하면 임계정신의 장방형의 면을 이룬다. 그 길이 계정, 즉 원래의 너비에 초상수를 더한 것이다. 그 너비 신정은, 즉 원래의 길이에서 초상수를 없앤 것이다. 그 교(차)는 임경과 경무의 차가 되므로, 초상수 임경 안에서 염법수 경무를 감하면 68이 남으니 종염법수로 삼아 구하여 신정인 너비와 병신인 초상수를 더하면 즉 병정, 원래의 길이를 구한다. 혹 익적평방법[10]이라고도 한다.

무릇 수는 저것과 이것이 서로 형을 이루면 승과 제가 생기고 하나는 저것, 하나는 이것이면 이를 법수와 실수로 삼아 개평방의 법에 이르러서는 염법수와 우법수의 각 층이 있는데 그 중간에 실수와 같은 류가 있는 것을, 즉 산가에서 정, 부(正, 負)라고 이름하여 구별하고 정, 부라는 것은 많고 적음을 말한다. 이것은 이쪽이 많으면 저쪽이 적고, 저쪽이 많으면 이쪽이 적은 것으로 요는 정, 부가 있어 상당할 뿐이다.

법수와 실수는 원래 다른 이름이고 우법수 즉 상수를 자승한 것이고 종염법수 즉 상수를 몇 배한 것이다. 무릇 자승의 곱을 상수 몇 배에 더한 것이 실수의 면적과 같게 하는 것으로 이것은 정, 부에 상당한 것이고, 우법수와 종염법수는 같은 이름이 된다. 만약 자승의

9) 경절형

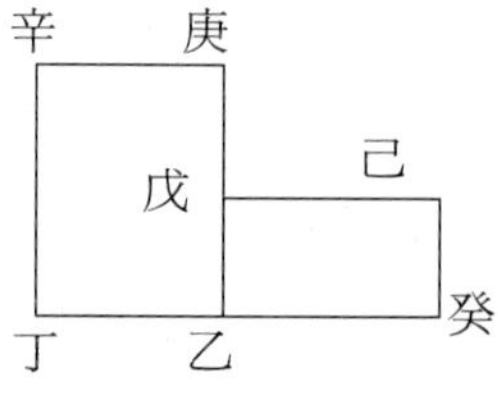

10) 익적 평방법은 면적과 교(較)수를 알고 먼저 길이를 구하는 법.

곱 안에서 상수의 몇 배를 감하여 없애면 실수의 면적과 같게 된다. 즉 종염법수는 실수의 같은 류로 삼고 더불어 우법수는 다른 이름이 되는 것이다. 혹 상수의 몇 배 안에서 자승의 수를 감하여 없애면 실수의 면적과 같게 되고, 즉 우법수와 실수의 동류로 삼고 더불어 종염법수는 다른 이름이 된다. 역시 모두 정, 부에 상당함이다.

입방, 삼승방, 모든 승방에 이르기까지 모두 이렇게 하는 것은 무방하다. 그 쓰임새는 모름지기 주객을 분별해야 한다.

양쪽 줄거리로 가감하는 것은 같은 이름을 주로 삼는 것이므로, 서로 더하는 것은 같은 것은 더하고 다른 것은 감하고, 서로 감하는 것은 같은 것은 감하고 다른 것은 더하는 것으로, 한 줄거리 개방법과 제법은 실수와 더불어 다른 이름인 법수로서 주를 삼는 고로 염법수와 우법수, 제법수는 같은 것은 더하고, 다른 것은 감한 연후에 실수와 더불어 서로 비교하는 것이다.

교수대종으로 길이를 구하는 것은 즉 우법수를 법의 주로 삼는 것으로 종염법수는 다른 이름이므로 우법수는 즉 우법수로 상수를 곱한 것이다. 종염법수와 더불어 서로 감하여 법수로 삼으면 익적평방에 이르니 서로 감하면 그 나머지가 마침내 종염법수의 나머지가 실수와 같은 이름이 되므로 상수를 곱하여 실수와 더불어 서로 더하고 다시 우법수와 더불어 같은 이름의 수를 법수로 하여 실수를 나누면 대체로 감하여 평방법에 따르는 다른 예이다.

問十三-四

今有長方面積五十四尺長闊和十五尺問長闊各若干

答曰長九尺闊六尺

法列五十四尺爲實列和十五尺爲縱廉於次置隅法一算於下乃商得六尺於實四尺位之上與隅法相乘得六尺減於縱廉餘九尺爲廉法與商數相乘得五十四尺減實恰盡所商六尺爲闊以減長闊和爲長此和數帶縱法也所商爲闊而減於長闊和與闊相乘則爲長闊相乘數故除得長方積恰盡

又法列五十四尺爲實列和十五尺爲縱廉於次置隅法一算於下乃商得九尺於實四尺位之上與隅法相乘得九尺減於縱廉餘六尺爲廉法與商數相乘得五十四尺減實恰盡所商九尺爲長以減長闊和爲闊此法所商爲長而減於長闊和與長相乘則爲長闊相乘數故除得長方積恰盡

古法四因直積得二百十六尺又以長闊和自乘得二百二十五尺相減得九尺爲實開平方得三尺卽長闊較加和半之爲長減和半之爲闊或以半和七尺五寸自乘得五十六尺二五內減直積餘二尺二五爲實開平方得一尺五寸卽半較與半和相加爲長相減爲闊圖見較數帶縱法

문제 13.4

지금 직사각형 면적이 54척이고 길이와 너비의 합이 15척이면 길이와 너비는 각각 얼마인가?

답 길이가 9척이고 너비는 6척이다.

법칙은 54척을 나열하여 실수로 하고, 합 15척을 나열하여 종염법수로 하여 다음에 두고 우법수 1을 아래에서 계산하면 실수 4척 자리의 위에서 6척의 상을 얻으니 우법수와 더불어 서로 곱하면 6척을 얻어 종염법수에서 감하면 나머지가 9척으로 염법수로 삼는다. 상수와 더불어 서로 곱하면 54척을 얻게 되고 실수에서 감하면 모두 없어지는바 6척을 너비로 하고 이로써 길이와 너비의 합에서 감하면 길이가 된다. 이것을 화수대종법[11]이라 한다. 상인 것을 너비로 삼고 장활화에서 감한 것을 너비와 더불어 서로 곱하면 길이와 너비를 서로 곱한 수가 되므로 나누면 직사각형 면적과 같은 것을 얻는다.

또 법칙은 54척을 나열하여 실수로 삼고, 화(합) 15척을 나열하여 종염법수로 삼아 다음에는 우법수 1을 아래에 둔다. 이에 실수 4척 자리 위에서 상(商) 9척을 얻어 우법수와 서로 곱하여 9척을 얻고 종염법수에서 감하면 나머지 6척은 염법수로 삼아 상수와 더불어 서로 곱하면 54척을 얻어 실수를 감하면 모두 없어지므로 상 9척은 길이가 되고 장활화에서 감하면 너비가 된다. 이 법칙은 상이 길이가 되니, 장활화에서 감한 것은 길이와 더불어 서로 곱하면 즉 길이와 너비를 서로 곱한 수이므로 장방면적을 나누면 모두다 없어진다.

옛날 법칙[12]은 4로서 직사각형의 면적에 곱하면 216척을 얻고 또 장활화로서 자승하면 225를 얻으니 서로 빼면 9척을 얻어 실수로 삼아 개평방하면 3척을 얻는다. 즉 장활교를 합에 더하여 그것의 반이 길이가 되고, 장활교를 합에서 감하여 그것의 반을 너비로 한다.[13] 혹은 합의 반 7척5촌을 자승하여 56척 25촌을 얻은 안에서 직사각형 면적을 감하여 남은 2척 25촌을 실수로 삼아 개평방하면 1척5촌을 얻으니 즉 차의 반이니 합의 반과 서로 더하면 길이가 되고 서로 감하면 너비가 된다. 그림 (4)를 보면 교수대종법이다.[14]

---

11) 화수대종법은 면적과 和數를 알고 商을 너비로 하여 화수에서 상을 감하여 길이를 찾는 방법이다.

12) $(a-b)^2=(a+b)^2-4ab$에서 和數 $a+b$와 較數 $a-b$을 찾아 길이 a, 너비 b를 구한다.

13) 화수대종법의 계산법이다.

14) 교수대종법의 계산법이다.

問十三-五

今有長方面積六百零九尺長闊和五十尺問長闊各若干

答曰長二十九尺闊二十一尺

法列六百零九尺爲實於上列和五十尺爲縱廉於次置隅法一算於下於是縱廉進一位隅法超二位乃商得二十於實六百位之上與隅法相乘得二十減於縱廉餘三十爲廉法仍與商數相乘得六百以減實餘九尺爲次商實又以隅法乘初商數二十減於廉法得十尺仍退一位隅法退二位次商得一尺於餘實九尺位之上與隅法相乘得一尺減於廉法得九尺仍與次商相乘得九尺以減次商實恰盡以初商次商併之得二十一尺爲闊以減和爲長

又法依前得次商實及廉法後次商得九尺於餘實九尺位之上與隅法相乘得九尺減於廉法得一尺仍與次商相乘得九尺以減次商實恰盡以初商次商併之得二十九尺爲長以減和爲闊

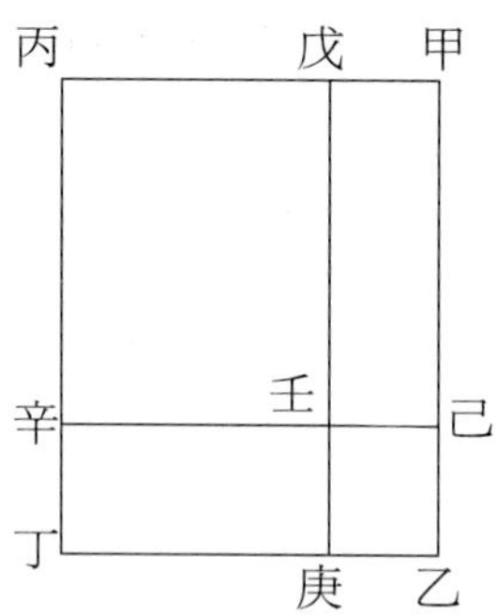

그림 (5)

如圖甲乙丙丁長方面甲乙爲長甲丙爲闊甲丙闊及丙丁長之和爲縱廉

五十內減戊丙初商數二十餘廉法三十卽丙丁二十九及甲戊一之和故以初商數二十乘之得戊庚丁丙長方面及甲己壬戊長方面以減原積餘爲己乙庚壬小長方面其長卽長去初商數之壬庚也其闊卽闊去初商數之乙庚也是爲次商實又以初商數二十減於廉法三十餘十卽壬庚九及乙庚一之和故仍爲和數帶縱法也

古法四因長方積得二千四百三十六尺又以長闊和自乘得二千五百尺相減得六十四尺開平方得八尺卽長闊較加和半之爲長減於和半之爲闊或以半和二十五尺自乘得六百二十五尺內減長方積得十六尺爲實開平方得四尺卽半較與半和相加爲長相減爲闊

문제 13.5

지금 직사각형 면적이 609척이고, 길이와 너비의 합이 50척이면 길이와 너비는 각각 얼마인가?

답 길이가 29척이고 너비는 21척이다.

법칙은 609척을 실수로 삼아 위에 나열하고, 합 50척을 종염법수로 삼아 다음에 둔 우법수 1을 아래에 나열하여 여기에서 종염법수가 한자리 나아가면 우법수는 두 자리 건너뛰어 이에 상으로 실수 600의 자리 위에서 20을 얻고 우법수와 서로 곱하여 20을 얻어 종염법수에서 감하여 남은 30을 염법수로 삼는다. 이에 상수와 더불어 서로 곱하여 600을 얻어 실수에서 감하여 남은 9척을 차상실로 삼는다.

또 우법수로서 초상수 20을 곱하여 염법수에서 감하면 10척을 얻는다. 이에 한자리 물리면 우법수는 두 자리 물리어 차상으로 1척을 남은 실수 9척의 자리 위에서 얻어 우법수와 더불어 서로 곱하여 얻는 1척을 염법수에서 감하면 9척을 얻으니 차상과 더불어 서로 곱하면 9척을 얻고 이것을 차상실에서 감하면 모두 없어지므로 이로써 초상, 차상을 더하면 21척을 얻어 너비로 하고 이것으로 합에서 빼면 길이가 된다.

또 법칙에 따르면 먼저 차상실과 염법수를 얻고 후에 차상으로 실수 9척 자리의 위에서 9척을 얻어 우법수와 더불어 서로 곱하여 9척을 얻고 염법수에서 감하면 1척을 얻으니 이에 차상과 더불어 서로 곱하면 9척을 얻어 이로써 차상실에서 감하면 모두 없어지므로 초상, 차상을 더하면 29척을 얻으니 길이로 삼고 합에서 감하여 너비로 삼는다.

그림(5)에서와 같이 장방면 갑을병정에서 갑을을 길이로 삼고 갑병을 너비로 삼는다. 갑병 너비와 병정 길이의 합을 종염법수 50으로 삼아 그 안에서 무병 초상수 20을 감하면 나머지는 염법수 30이다. 즉 병정 29와 갑무 1의 합이므로 초상수 20으로 이것을 곱하면 무경정병 장방면과 갑기임무 장방면을 얻으니 원래의 면적에서 이것을 감하면 나머지는 기을경임의 작은 장방면이 된다. 이때의 길이는 즉 (본)길이에서 초상수를 뺀 것으로 임경이다. 이때의 너비 즉 (본) 너비에서 초상수를 뺀 을경이다.

이것을 차상실로 삼는다. 또 초상수 20으로써 염법수 30에서 감하면 10이 남는다. 즉 임경 9와 을경 1의 합이므로 이것을 화수대종법이라 한다.

옛날 법칙으로 장방형의 면적에 4를 곱하면 2436척을 얻는다. 또 길이와 너비의 합을 자승하면 2500척을 얻으니 서로 감하면 64척을 얻고 개평방하면 8척을 얻는다. 즉 길이와 너비의 차를 합에 더하면 그것의 반이 길이가 되고, 합에 감하면 그것의 반은 너비가 된다. 혹은 합의 반 25척을 자승하면 625척을 얻으니 그 안에서 장방의 면적을 감하면 16을 얻어 실수로 삼아 개평방하면 4척을 얻는다. 즉 차의 반과 합의 반을 서로 더하면 길이가 되고, 서로 감하면 너비가 된다.

問十三-六

今有直田積三千四百五十六步長闊和一百二十步問先求長若干

答曰長七十二步闊四十八步

法列三千四百五十六步爲實於上列和一百二十步爲縱廉於次置隅法一算於下於是縱廉進一位隅法超二位乃商得七十於實四百位之上與隅法相乘得七十減於縱廉得五十爲廉法仍與商數相乘得三千五百內飜減實餘四十四步爲次商實又以隅法乘初商數得七十內飜減廉法餘二十仍退一位隅法退二位次商得二步於餘實四步位之上與隅法相乘得二步加於廉法得二十二步仍與次商相乘得四十四步以減次商實恰盡以初商次商併之得七十二步爲長以減和爲闊

如圖甲乙丙丁長方面甲乙爲長甲戊爲闊與乙丁等甲丙闊及丙丁長之和一百二十內減丙己初商數七十餘五十卽己丁二及甲丙闊之和如丙辛爲廉法以乘初商數丙己得辛癸己丙長方面其中辛壬戊甲面與庚乙丁己面等故翻減甲乙丙丁原積餘壬癸庚戊小長方面其長戊庚卽初商數內減原闊之餘也其闊壬戊卽原長內減初商數之餘也其較卽二倍初商數內減長闊和也是爲次商實又以初商數七十內減廉法餘二十卽壬戊二與戊庚二十二之較故用較數帶縱法求得闊併初商數爲原長也若長闊和過初商數二倍則次商實長方面之長爲原長內減初商數之餘而闊爲初商數內減原闊之餘其較爲原和內減初商數二倍之餘故初商廉法內又減初商數爲

次商廉法求得長併初商數爲原長如以積一千六十四和六十六設問則初商得三十後飜減餘實爲十六次商廉法爲原和內減二倍初商之餘六次商得長八內減廉法餘二以乘次商減實是也或稱飜積平方法

和數帶縱法卽縱廉爲法之主而隅爲異名故減隅爲法也至於長闊之初商異數而求長者必法多於實爲飜積則隅法爲主而飜減得次商廉法與隅同名凡飜減者正負交變故相加爲法也若縱廉過於初商二倍則次商廉法仍與飜積同名而與隅異名次商廉法仍是縱廉之所餘故正負不變故次商之除實也竟飜減爲法也飜積則積已變號故以隅法爲主也

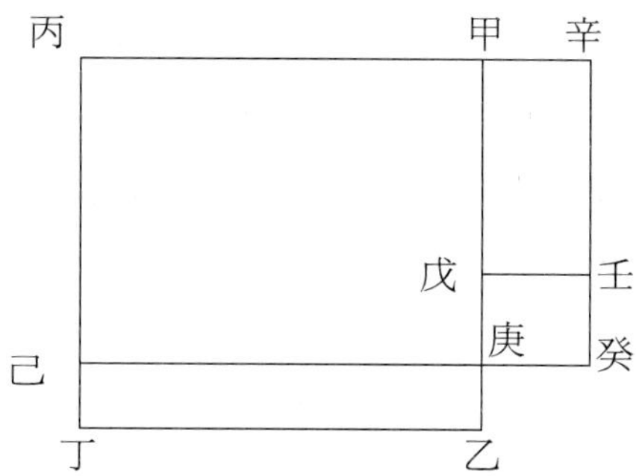

그림 (6)

문제 13.6

지금 직사각형 밭의 면적이 3456보이고 길이와 너비의 합이 120보이면 먼저 길이를 구하면 얼마인가?

답 길이가 72보이고, 너비는 48보이다.

법칙은 3456보는 실수로 삼아 위에 나열하고, 합 120보는 종염법수로 삼아 다음에 두고 우법수 1을 아래에 나열한다. 여기서 종염법수가 한자리 나아가면 우법수는 두 자리 건너뛰어 상으로 이에 실수 400자리의 위에서 70을 얻어 우법수와 서로 곱하여 70을 얻고 종염법수에서 감하면 50을 얻으니 염법수로 삼고, 이에 상수와 서로 곱하여 3500을 얻어 안에서 거꾸로 실수를 감하면 44보가 남으니 차상실로 삼는다. 또 우법수로 초상수를 곱하면 70을 얻으니 안에서 거꾸로 염법수를 감하면 20이 남는다. 이에 한자리 물리면, 우법수는 두 자리 물려서 차상으로 2보를 얻으니 남은 실수의 4보 자리의 위에서 얻고, 우법수와 서로 곱하여 2보를 얻어 염법수에 더하면 22보를 얻는다. 이에 차상과 곱하면 44보를 얻어 차상실로써 감하면 모두 없어지므로 초상과 차상을 더하면 72를 얻으니 길이가 되고, 합에서 빼면 너비가 된다.[15)]

그림 (6)과 같이 갑을병정 직사각형의 면적에서 갑을을 길이로 하고, 갑무를 너비로 하여 을정과 같게 한다. 갑병 너비와 병정 길이의 합 120 안에서 병기 초상수 70을 감하면 나머지는 50이다. 즉 기정 2와 갑병 너비의 합이다. 만일 병신을 염법수로 삼고 초상수 병기를 곱하면 신계기병의 직사각형 면적을 얻으니 그중 신임무갑의 면과 경을정기의 면은 같으므로, 거꾸로 갑을병정 원래의 면적을 감하면 임계경무의 작은 직사각형 면적이 남는데 그 길이 무경 즉 초상수 안에서 원래의 너비를 뺀 나머지이다. 그 너비 임무 즉 원래의 길이에서 초상수를 감한 나머지이다. 그 차 즉 초상수 2배에서 길이와 너비의 합을 뺀 것이다. 이것을 차상실로 삼고, 또 초상수 70 안에서 염법수를 감하면 20이 남는다. 즉 임무 2와 무경 22의 차이므로 교

15) 번감(작은 수에 큰 수를 감함)하여 길이와 너비를 계산하는 법이다.

수대종법을 사용하여 구하여 얻은 너비와 초상수를 더하면 원래의 길이가 된다.

만약 길이와 너비의 합이 초상수의 2배를 초과하면, 차상실 직사각형 면적의 길이를 원래의 길이 안에서 초상수를 뺀 나머지를 삼고 너비는 초상수 안에서, 원래의 합 안에서 초상수의 2배를 감한 나머지가 되므로 초상 염법 내에서 또 초상수를 감하여 차상 염법으로 하여, 구하여 얻은 길이와 초상수를 아울러 얻으면 원래의 길이가 된다.

가령 면적이 1064이고 합이 66인 문제를 설정하면, 즉 초상으로 30을 얻은 후에 거꾸로 감하면 나머지 실수가 16이 되고, 다음 상득한 염법수는 원래의 합에서 초상수의 두 배를 감한 나머지 6으로 삼고, 다음 상득한 길이 8안에서 염법수를 감하면 2가 남는데 이로써 차상을 곱하여 실수를 감한 것이 이것으로 즉 번적평방법[16]이라고 칭한다.

화수대종법은 종염법수를 법의 주로 삼는 것으로 우법수의 다른 이름이 되므로 우법수를 감하여 법수로 한다. 길이와 너비가 초상수

---

16) 번적평방법으로 다음과 같이 푼다.
주어진 면적이 1064, 장활화(화수)66에서 초상수를 30으로 하여 푼다. 이때 원래 면적이 초상수 30으로 한 면적 1080(=30×36)보다 작으므로 거꾸로 감하면(번감) 16을 얻는데 이것을 차상실로 삼는다.
종염수 ··· 66
염법수 ··· 36
차상염법수(장활교) ··· $6 = 66 - 2 \times 30 =$ 和 $-$ 초상수 2배
차상수 ··· 8
여기서 차상수 8을 차상염법수 6으로 빼면 2가 남아 차상실 16과 차상수 2배를 서로 감하면 0이 되므로
길이 = 초상수(30) + 차상수(8) = 38
너비 = 화수(66) − 길이(38) = 28

와 다른 수 일 때는 길이를 구하려면 반드시 실수보다 법수가 많으므로 번적하면, 즉 우법수를 주로 하여 뒤집어 감하여 얻은 차상 염법수는 우법과 같은 이름이다. 무릇 뒤집어 감하는 것은 정, 부가 교대로 변하는 것이므로 서로 더하여 법수로 한다. 만약 종염수가 초상의 2배보다 크면 다음 상득한 염법수는 뒤집은 면적과 이름이 같고 우법수와는 다른 이름이다. 다음에 상득한 염법수가 곧 종염법수의 남은 것이므로 정, 부는 변하지 않는다. 그러므로 다음 차상을 실수와 제함에는 반드시 거꾸로 감하여 법수로 한다. 번적하면 즉 면적이 이미 변하므로(부호가 변하므로) 우법수로서 주로 삼는다.

14 개입방법(開立方法)

「立方者面面上等之正方體也爲面六爲邊十二以邊求積則用自乘再乘以積求邊則用開立方開之之法畧與平方等而惟其自乘再乘爲積故商得自乘再乘之數以除之且自乘再乘者必進二位故商數之定位也常超三位而命之如十自乘再乘爲千百自乘再乘爲百萬故商數之十位定於實數之千位商數之百位定於實數之百萬位皆超三位而命之初商以後三方廉卽以初商爲長闊再商爲厚三長廉卽以初商爲長再商爲闊厚生焉至於多商方廉愈大而愈薄初商再商併之爲長闊故愈大三商數少於再商數故愈薄長廉愈長而愈細也初商再商併之爲長故愈長三商數少於再商數故愈細」

입방이라 함은 면과 면이 서로 같은 정방체이다. 면이 6개이면 변(모서리)은 12개가 되는데 변으로서 체적을 구하려면 자승과 재승을 하고, 체적으로서 변을 구하려면 개입방(세제곱근을 구하는 것)을 하는 것으로 개(근을 구하는 것)의 방법은 대략 평방과 같고 오로지 자승과 재승으로 체적을 구하므로 나누어 얻은 자승과 재승의 수로서 그것을 나누고 또 자승과 재승을 하는 것도 반드시 두 자리 나아가므로 상수(몫)의 자리를 정함에 있어 항상 세 자리를 건너뛰어 자리를 명한다.

가령 십을 자승, 재승하면 천이 되고, 백을 자승, 재승하면 백만이 되므로 상수의 십 자리는 실수의 천 자리 수에 정하고, 상수의 백 자리는 실수의 백만 자리에 정하니 모두 세 자리를 건너뛰어서 그것을 정한다.

초상수를 구한 이후에 세 모서리는 염법수이다. 즉 초상수를 길이와 너비로 하고 재상수를 두께(높이)로 한다. 세 길이 염법수 즉 초상수는 길이가 되고 재상수는 너비와 두께가 되는 것이다. 여러 번의 상하는 (몫을 구하는) 방염에 이르러서는 더욱 커질수록 더욱 얇다.[1)]

초상과 재상을 더하면 길이와 너비가 되므로 더욱 커지고 삼상수는 재상수보다 작으므로 더욱 얇아진다. 장염법수가 더욱 길어지면 더욱더 가늘어진다. 초상수와 재상수를 더하면 길이가 되므로 더욱 길어지며 삼상수는 재상수보다 작으므로 더욱 가늘어지는 것이다.

問十四-一

設正方體積七百二十九尺問每一邊幾何

答曰九尺

法列七百二十九尺爲實借一算於九尺之下名曰隅法商得可合於九尺自乘再乘之數故置商數九尺於實九尺位之上與隅法相乘得九尺置於隅法之上爲長廉法仍與商數相乘得八十一尺置於實之下長廉法之上爲方廉法仍與商數相乘得七百二十九尺以減實恰盡所商九尺卽每一邊也

---

1) 체적이 일정하므로 길이와 너비가 커지면 두께가 작아진다.

문제 14.1

가령 정방(정육면체)의 체적이 729척이면 한 변(모서리)은 얼마인가?

답 9척이다.

법칙은 729척을 실수로 하여 나열하고 한 개의 산가지를 9척의 아래 자리에 빌려와 우법수라 하고 나누어 얻는 수(상득하여) 9척에 자승과 재승을 할 수이므로 실수 9척의 위치의 위에 상수 9척을 두어 우법수와 더불어 서로 곱하여 81척을 얻어 실수의 아래 장염법수의 위에 두어 방염법수로 삼고 이에 상수와 서로 곱하면 729를 얻으니 실수로서 감하면 다 없어지므로 상수 9척이 즉 각 모서리이다.[2)]

問十四-二

今有正方體積十四萬八千八百七十七尺問每一邊若干

答曰五十三尺

2)

상			9
실 수	7	2	9
	7	2	9
			0
방염법수		8	1
장염법수			9
우법수			1

法列十四萬八千八百七十七尺爲實超置隅法於實八千位之下乃商得五十於實八千位之上與隅法相乘得五十置之隅法之上爲長廉法仍與商數相乘得二千五百尺置之實之下長廉法之上爲方廉法仍與商數相乘得十二萬五千尺以減實餘二萬三千八百七十七尺爲次商實又以隅法乘初商數得五十加於長廉法得一百仍與初商數相乘得五千可於方廉法得七千五百卽初商自乘數之三倍又以隅法乘初商數得五十加於長廉法得一百五十卽初商數之三倍於是方廉法退一位長廉法退二位隅法退三位次商得三尺於餘實七尺位之上與隅法相乘得三尺可於長廉法得一百五十三尺仍與次商數相乘得四百五十九尺加於方廉法得七千九百五十九尺仍與次商數相乘得二萬三千八百七十七尺以減次商實恰盡以初商次商併之得五十三尺爲每一邊長闊高各五十三尺之正方體內先減長闊高各五十尺之正方體則餘積卽長闊高三面各付方五十尺厚三尺之扁方體故初商數五十尺自乘三倍爲方廉法也又三方廉相切之邊各付方三尺長五十尺之長方體故初商數五十尺三倍爲長廉法也三方廉三長廉湊合之一隅又付三尺自乘再乘之小正方體故以隅法乘次商數加於長廉法也

문제 14.2

지금 정방의 체적이 148877척이면 한 변은 얼마인가?

답 53척이다.

법칙은 148877척을 실수로 하여 나열하고 건너뛰어 우법수를 실수의 8000 자리의 아래에 두어 나누어 얻은 수 50을 실수 8000의 자리의 위에 두고 우법수와 서로 곱하여 50을 우법수의 위에 두어 장염법수로 삼고 이에 상수와 더불어 서로 곱하여 2500척을 얻어 실수의 아래 장염법수의 위에 두고 방염법수로 삼아 상수와 더불어 서로 곱하면 125000척을 얻어 실수에서 감하면 23877척이 남으니 차상실로 삼는다. 또 우법수로서 초상수를 곱하면 50을 얻으니 장염법수에 더하면 100을 얻어 초상수와 더불어 서로 곱하면 5000을 얻고 방염법수에 더하면 7500을 얻으니 즉 초상수의 자승의 3배이다. 또 우법수로서 초상수를 곱하면 50을 얻으니 장염법수에 더하면 150을 얻는다. 즉 초상수의 3배이다. 이에서 방염법수를 한자리 물리면 장염법수는 두 자리 물리고, 우법수는 세 자리 물리면, 차상으로 실수 7척 자리의 위에서 3척을 얻으니 우법수와 더불어 서로 곱하여 3척을 얻어 장염법수 153척을 얻고 이에 차상수와 더불어 서로 곱하여 459척을 얻어 방염법수에 더하면 7959척을 얻으니 차상실에서 감하면 다 없어지므로 초상과 차상을 더하면 53척을 얻으니 각 한 변이 된다.[3)]

길이, 너비, 높이가 각 53척인 정방형의 체적 안에서 먼저 길이, 너비, 높이가 각 50척인 정방형의 체적을 감하면 즉 나머지 체적은 즉 길이, 너비, 높이가 3인 면 즉 각 모서리가 50척에 두께가 3척인 편방체이므로 초상수 50척의 자승에 3배하여 방염법수로 삼은 것이다. 또 세 방염법수를 서로 나누어 변에 각 모서리 3척의 길이를 50

---

3)

초상		5		0		
실수	1	4	8	8	7	7
	1	2	5	0	0	0
차상실		2	3	8	7	7
방염법수			2	5	0	0
장염법수			5	0		
우법수			1			

⟹

차상					3
차상실	2	3	8	7	7
	2	3	8	7	7
					0
방염법수		7	9	5	9
장염법수			1	5	3
우법수					1

∴초상＋차상＝53

척의 길이를 가진 것에 붙이면 장방의 체적이 되므로 초상수 50척의 3배가 장염법수가 된다. 세 방염법수와 세 장염법수를 서로 더하면 한 모서리가 된다. 또 3척을 자승, 재승하면 작은 정방체가 되므로 우법수를 차상수에 곱하여 장염법수에 더하는 것이다.

15 대종입방법(帶縱立方法)

「帶縱立方者長方或扁方體也方體之長闊高三者有二等一不等者有三邊俱不等者以邊求積則長闊高連乘而以積求邊也必帶其較或和按立方法開之」

대종입방이란 장방 또는 편방체이다. 입체의 길이, 너비, 높이의 세 가지 중에서 두 가지는 같고 한 가지가 다른 경우가 있고, 세 변이 모두 다른 경우가 있으니 변으로써 체적을 구하는 것은 길이, 너비, 높이를 연이어 곱하면 되고, 체적으로써 변을 구할 때는 반드시 그 가지고 있는 교(차)와 화(합)를 고찰하여 입방법으로 푼다.

問十五-一

今有長方體積二千四百四十八尺其高闊相等長比高闊多五尺問長闊高各若干

答曰長十七尺高闊各十二尺

法列二千四百四十八尺爲實於上列較五尺於長廉層爲縱廉置隅法一算於下乃縱廉超二位隅法超三位商得一十於實二千位之上仍與隅法相

乘得一十加於縱廉得十五爲長廉法仍與商數相乘得一百五十爲方廉法仍與商數相乘得一千五百以減實餘九百四十八尺爲次商實又以隅法乘初商數得一十以加長廉法得二十五仍與初商數相乘得二百五十以加方廉法得四百又以隅法乘初商數得一十以加長廉法得三十五於是方廉法退一位長廉法退二位隅法退三位次商得二尺於餘實八尺位之上與隅法相乘得二尺加於長廉法得三十七尺仍與次商數相乘得七十四尺加於方廉法得四百七十四尺仍與次商數相乘得九百四十八尺以減次商實恰盡以初商次商併之得十二尺爲高或闊加多五尺爲長也此較數帶一縱立方法也高闊既等則每邊十二尺之正方體外另付十二尺自乘以五尺再乘之扁方體故以五尺爲縱長廉則與商數十二尺自乘數相乘減實也又法列二千四百四十八尺爲實於上以較五尺自乘得二十五尺爲縱方廉以較五尺倍之得一十爲縱長廉負置隅法一算於下乃縱方廉進一位縱長廉超二位負隅法初三位商得一十於實二千位之上仍與隅法相乘得一十與縱長廉相減恰盡縱長廉負隅法正爲異名故相減而數適上等故恰塵若縱長廉有餘則仍爲負若隅法多而翻減則變爲正只以縱方廉乘商數得二百五十以減實餘二千一百九十八尺爲次商實又以隅法乘初商數得一十置之長廉層仍與初商數相乘得一百以加縱方廉得一百二十五又以隅法乘初商數以加長廉法得二十於是方廉法退一位長廉法退二位隅法退三位次商得七尺於餘實八尺位之上與隅法相乘得七尺以加長廉法得二十七尺仍與次商相乘得一百八十九尺以加方廉法得三百十四尺仍次商法相乘得二千一百九十八尺以減次商實恰盡以初商次商併之得十七尺爲長減較五尺爲高或闊原積比長闊高各十七尺之正方體積高闊兩面各少方十七尺厚五尺之扁方體故倍五尺爲縱長廉負則與商數十七尺自乘數相乘益實而兩扁方體相聯之一邊疊方五尺長十七尺之長方體故以五尺自乘爲縱方廣則餘商數十七尺相乘減實也蓋負算卽減於法減於法[1]所以益實也

문제 15.1

지금 장방체의 체적이 2448척인데 그 높이와 너비는 서로 같고, 길이는 높이와 너비에 비해 5척이 길다면 길이, 너비, 높이는 각각 얼마인가?

답 길이는 17척이고 높이와 너비는 각 12척이다.

법칙은 2448척을 실수로 하여 위에 나열하고 장염층에 차 5척을 나열하여 종염법수로 삼고 우법수 한가지를 아래에 둔다. 이에 종염법수를 두 자리 건너뛰고, 우법수는 세 자리 건너뛰어 나누어 얻은 10을 실수 2000자리의 위에서 나누어 얻으므로 우법수와 서로 곱하여 얻은 10을 종염법수에 더하면 15를 얻으니 장염법수로 삼는다. 상수와 더불어 서로 곱하면 150이 되니 방염법수로 삼고 상수와 서로 곱하면 1500이 되니 실수에서 감하면 948척이 남으므로 차상실로 삼는다. 또 우법수로써 초상수를 곱하면 10을 얻고 이것을 장염법수에 더하면 25를 얻으므로 초상수와 서로 곱하면 250을 얻고 이것을 방염법수에 더하면 400을 얻는다. 또 우법수로 초상수를 곱하면 10을 얻고 장염법수에 더하면 35를 얻으니 여기에서 방염법수는 한자리 물리고, 장염법수를 두 자리 물리고, 우법수는 세 자리 물리면 차상인 2척을 남은 실수 8척의 자리 위에서 얻는다. 우법수와 더불어 곱하면 2척을 얻어 장염법수에 더하면 37척을 얻고 이에 차상을 서로 곱하면 74척을 얻어 방염법수에 더하면 474척을 얻고 이에 차상을 곱하면 948척을 얻으니 차상실을 감하면 다 없어지므로 초상

1) 뒤의 減於法은 誤記인 듯함

과 차상을 더하면 12척을 얻어 높이 혹은 너비로 삼아 5척을 더하면 길이가 된다. 이것은 교수대일종입방법이다.[2)]

높이, 너비는 이미 같으므로 각 변이 12척인 정방체 외에 별도로 붙인 12척의 자승에 5척을 다시 곱하면 편방체가 되므로 5척으로 종장염법수로 삼으면, 즉 상수 12척의 자승한 수에 서로 곱하여 실수를 감한다.

또 법칙은 2448척을 실수로 하여 위에 나열하고 교수(차)로서 5척을 자승하면 25척을 얻어 종방염법수로 삼고, 교수 5척을 배하여 10을 얻어 종장염법수로 삼아 부수로 하고 우법수 1은 아래에 둔다. 이에 종방염법수는 한자리 나아가고, 종장염법수는 두 자리 건너뛰어 부수로 하고, 우법수는 세 자리 건너뛰어 나누어 얻은 10은 실수 2000의 자리 위에서 얻는다. 이에 우법수와 더불어 서로 곱하여 10을 얻어 종장염법수와 서로 감하면 다 없어진다. 종장염법수는 부수(−)로 하고 우법수는 정(+)으로 하면 다른 이름으로 된다.[3)]

그러므로 서로 감하면 수는 마땅히 서로 같으므로 다 없어진다. 만약 종장염수가 나머지가 있으면 즉 이것이 부수가 된다. 만약 우법수가 많으면 뒤집어 감하여 즉 변하여 정이 된다. 다만 종방염법수로서 상수와 곱하면 250을 얻고 이로써 실수에서 감하면 2198척이 남으니 차상실로 삼는다. 또 우법수로서 초상수와 곱하면 10을 얻으므로 이를 장염층에 두고 이에 초상수와 더불어 서로 곱하면

---

2) 차의 수를 가진 일종의 입방법이다.
교수대일종 입방법 : 높이, 너비가 같으므로 장방체 체적
$V=a^2(a+5)=a^3+5a^2$는 상수 12척의 정방체 체적과 종장염수 5척의 12척 평방체의 체적을 합한 것이다. 즉 교수로써 각각을 구하는 방법이다.

3) 서로 다른 부호를 가진 수

100을 얻어 종방염법수에 더하면 125를 얻는다. 또 우법수로서 초상수와 곱하여 장염법수에 더하면 20을 얻으니 이에서 방염법수를 한 자리 물리고 장염법수는 두 자리 물리고 우법수는 세 자리 물리면 차상수 5척을 나머지 실수 8척의 자리 위에서 얻으니 우법수와 더불어 서로 곱하면 7척을 얻고 장염법수에 더하면 27척을 얻으니 이에 차상과 더불어 서로 곱하면 189척을 얻어 이를 방염법수에 더하면 314척을 얻고 이에 차상을 서로 곱하면 2197척을 얻으니 이로써 차상실에서 감하면 모두 없어지므로 초상, 차상을 서로 더하면 17척을 얻어 길이로 하고 차 5척을 감하여 높이 혹은 너비로 한다.

원래의 체적은 길이, 너비, 높이가 각각 17척인 정방체의 체적에 비해, 높이, 너비 양면이 각각 같다. 정사각형 면적의 모서리가 17척, 두께 5척인 것은 편방체이므로 5척의 배를 종장염법수로 하여 부로 하고 즉 상수 17척을 제곱한 수를 서로 곱하여 실수에 더하면 양 편방체를 서로 연이어 한 모서리가 겹쳐진 것은 정사각형 면적의 모서리가 5척, 길이가 17척의 장방체이므로, 5척의 자승으로 종방염법수로 삼아 크게 한 것으로 즉 상수 17척과 서로 곱하여 실수에서 감한다. 대개 부수를 계산하면 즉 법수에서 감하므로 실수에는 더하는 까닭이다.

問十五-二

今有扁方體積三萬四千三百尺長闊各比高多七尺問長闊高各若干

答曰長闊各三十五尺高二十八尺

法列三萬四千三百尺爲實於上以較七尺自乘得四十九尺爲縱方廉倍

較七尺得十四尺爲縱長廉置隅法一算於下按法開得二十八尺爲高加較七尺爲長或闊此較數帶兩縱相同立方法也原積比長闊高各二十八尺之正方體積長闊兩面各多方二十八尺厚七尺之扁方體故倍七尺爲縱長廉則與商數二十八尺自乘數上乘減實也兩扁方體相切之二邊又多方七尺長二十八尺之長方體故七尺自乘爲縱方廉則與商數十七尺上乘減實也

又法列三萬四千三百尺爲實於上列較七尺於長廉層爲縱長廉負置隅法一算於下按異減同加法開得三十五尺爲長或闊減較七尺爲高原積長闊既等則比長闊高各三十五尺之正方體積少三十五尺自乘以七尺再乘之一扁方體積故以七尺爲縱長廉負則與商數三十五尺自乘數上乘益實也[4]

문제 15.2

지금 편방체[5]의 체적이 34300척으로 길이, 너비 각각이 높이에 비해 7척이 크다면 길이, 너비, 높이는 각각 얼마인가?

답 길이와 너비가 각 35척이고 높이가 28척이다.

법칙은 34300척을 실수로 하여 위에 나열하고 차 7척을 자승하여 49척을 얻어 종방염법수로 삼고 차 7척의 배를 하여 14척을 얻어 종장염법수로 삼고 우법수 1을 아래에 둔다. 개평법으로 28척을 얻어 높이로 삼고 차 7척을 더하여 길이 혹은 너비로 삼는다. 이 교수대양종법은 입방법[6]과 서로 같다.

---

4) 多少는 오늘날 大小와 같은 표현이다.

5) 두 변의 길이가 같을 경우 ; 부피 $V=a^2b$에서
① $a<b$ 일 때 V는 장방체의 부피이고
② $a>b$ 일 때 V는 편방체의 부피이다.

원래의 체적은 길이, 너비, 높이가 각 28척인 정방체의 체적에 비해 길이, 너비 양면이(두 모서리가) 각 정사각형의 한 모서리가 28척, 두께가 7척이 많은 편방체이므로 7척의 배를 종장염법수로 삼아 즉 상수 28척의 자승을 서로 곱하여 실수에서 감한다. 양 편방체가 두 변으로 서로 나뉜다.(35=28+7) 또 방 7척이 더 크고 길이가 28척인 장방체이므로 7척의 자승을 종방염법수로 삼아 즉 상수 17척을 서로 곱하여 실수에서 감한다.

또 법칙은 34300척을 실수로 하여 위에 나열하고 차 7척은 장염층에 나열하여 종장염법수로 삼아 부수로 하고 우법수 1은 아래에 둔다. 이감동가법(서로 다른 것은 감하고, 같은 것은 더하는 법)으로 풀면 35척을 얻어 길이 혹은 너비로 삼고 차 7척을 감하여 높이로 한다. 원래의 체적은 길이와 너비가 이미 같아 즉 길이, 너비, 높이가 각 35척인 정방체의 체적에 비해 작다. 35척의 자승에 7척으로 다시 곱한 편방체의 체적보다 작으므로 7척으로 종장염법수로 삼아 부수로 하여 즉 상수 35척의 자승수와 서로 곱하여 실수에 더한다.

問十五-三

今有長方體積六萬二千一百尺長比高多二十九尺闊比高多二十一尺問長闊高各若干

---

6) 교수대양종법으로 풀이하면 종방염수 49, 종장염수 14, 높이 28(14×2), 교수 7, 상수 28이므로 원체적:

$34300 = 35 \times 35 \times 28 = (28+7)^2 \times 28$

$= 28^3(\text{정방체}) + 2 \times 7 \times 28^2(\text{양평방체}) + 7^2 \times 28(\text{장방체})$

이 되어 값을 구하게 된다.

答曰長五十四尺闊四十六尺高二十五尺

法列六萬二千一百尺爲實於上以二十九尺與二十一尺上乘得六百九尺爲縱方廉以二十九尺與二十一尺相併得五十尺爲縱長廉置隅法一算於下按法開得二十五尺爲高加二十一尺爲闊加二十九尺爲長此較數帶兩縱不同立方法也與兩縱相同法本法無異兩較上乘卽較自乘之意也兩較相併卽倍較數之意也

又法以二十九尺內減二十一尺餘八尺爲長比闊之較長高較內減闊高較故爲長闊較也乃列六萬二千一百尺爲實於上以闊高較二十一尺與長闊較八尺上乘得一百六十八尺爲縱方廉負又以二十一尺內減八尺餘十三尺爲縱長廉負置隅法一算於下按異減同加法開得四十六尺爲闊減二十一尺爲高加八尺爲長二十一尺內減八尺爲縱長廉負者卽二十一尺爲縱長廉負八尺爲縱長廉正異名相減也原積比長闊高各四十六尺之正方體積一面少方四十六尺厚二十一尺之扁方體故以二十一尺爲縱長廉負與商數四十六尺相乘益實也一面多四十六尺爲長以原高爲闊八尺爲厚之長方體而以八尺爲縱長廉正與四十六尺自乘數上乘減實則多減去四十六尺爲長闊高較爲闊八尺爲厚之體積故以闊高較二十一尺與八尺上乘爲縱方廉負與商數四十六尺上乘益實也

又法列六萬二千一百尺爲實於上長高較二十九尺與長闊較八尺上乘得二百三十二尺爲縱方廉又以二十九尺與八尺相併得三十七尺爲縱長廉負置隅法一算於下按異減同加法開得五十四尺爲長減二十九尺爲高減八尺爲闊此法與帶一縱法又法無異也

문제 15.3

지금 장방체의 체적이 62100척인데 길이가 높이에 비해 29척이 크고, 너비는 높이에 비해 21척이 더 크다고 하면, 길이, 너비, 높이는 각 얼마인가?

답 길이는 54척, 너비는 46척, 높이는 25척이다.

법칙은 62100척을 실수로 삼아 위에 나열하고, 29척으로 21척과 서로 곱하여 609척을 얻어 종방염법수로 삼는다. 29척으로 21척을 서로 더하면 50척을 얻어 종장염법수로 삼고 우법수 1은 아래에 두어 개평법을 고찰하면 25척을 얻어 높이로 삼고 21척을 더하여 너비로 하고, 29척을 더하여 길이로 한다.

이 교수대양종법7)은 입방법과 같지 않다.

양 종(염수)과 더불어 서로 같은 법은 본법(입방법)과 다르지 않다. 양 교수를 서로 곱하면 즉 교수의 자승의 뜻이다. 양 교수를 서로 더하면 즉 교수의 배를 뜻한다. 또 법칙은 29척 안에서 21척을 감하여 남는 8척은 길이의 너비에 비교한 차로 한다. 길이와 높이의 차 안에서 너비와 높이의 차를 감하는 것이므로 길이와 너비의 차가 된다.

이에 62100척을 실수로 삼아 위에 나열하고 너비와 높이의 차 21척과 길이와 너비의 차 8척을 서로 곱하여 168척을 얻어 종방염법수를 삼아 부수로 한다. 또 21척 안에서 8척을 감하여 남은 13척을 종장염 부수로 삼고 우법수 1은 아래에 둔다. 이감동가의 개방법으로 풀면 46척을 얻어 너비로 삼고 21척을 감하여 높이로 삼아 8척을 더하여 길이로 한다.

---

7) 교수대양종법 ; 길이, 너비와 높이가 각각 다르나 길이 너비는 높이와의 교수로 이루어지므로 부피 $a(a+21)(a+29)=a^3+50a^2+609a$에서 종방염수 609와 종장염수 50, 즉 양염수를 사용하여 이감동가의 개방법으로 풀어 교수로써 각각을 구하는 법이다.

21척 안에서 8척을 감한 것을 종장염 부수로 삼은 것은, 21척을 종장염 부수로 삼고 8척을 종장염 정수로 삼은 것으로 다른 이름(정, 부)이니 서로 감한다.

원래의 체적은 길이, 너비, 높이가 각 46척인 정방체의 체적에 비해, 한 면이 작은 면적(정사각형)이 46척이고 두께가 21척인 편방체로서 보다 작으므로 21척을 종장염 부수로 삼아 상수 46척과 더불어 서로 곱하여 실수에 더한다. 한 면이 큰 46척을 길이로 삼고, 원래 너비와 높이의 차를 너비로 하고 8척을 두께로 한 장방체이다. 8척으로 종장염 정수로 삼아 46척의 자승수와 더불어 서로 곱하여 실수에서 감한 즉 많은 것은 감하고 버린다. 46척을 길이로 삼고 너비와 높이의 차를 너비로 삼아 8척을 두께로 한 체적이므로 너비와 높이의 차 21척을 8척과 더불어 서로 곱하여 종방염 부수로 삼아 상수 46척과 곱하여 실수에 더한다.

또 법칙은 62100척을 실수로 하여 위에 나열하고 길이와 높이의 차 29척을 길이와 너비의 차 8척과 더불어 서로 곱하여 232척을 얻어 종방염법수로 삼고 또 29척을 8척과 서로 더하면 37척을 얻어 종장염 부수로 두어 우법수 1은 아래에 둔다.

이감동가법에 따라 54척을 얻어 길이로 하고 29척을 감하여 높이로 하여 8척을 감하여 너비로 한다. 이 법은 대일종법과 더불어 또 이 법은 다르지 않다.

問十五-四

今有長方體積五千六百二十五尺長闊和長高和各四十尺問長闊高各若干

答曰長二十五尺高闊各十五尺

法列五千六百二十五尺爲實於上以四十尺爲縱長廉置隅法一算於下負按異減同加法開得十五尺爲高或闊減於和爲長此和數帶兩縱相同法也長高和內減商數餘爲長高與商數自乘數上乘減實也商數自乘之數卽高闊上乘之數也一隅爲負卽所以減商數也

又法列五千六百二十五尺爲實於上以四十尺自乘得一千六百爲縱方廉倍四十尺得八十尺爲縱長廉負置隅法一算於下按異減同加法飜積開得二十五尺爲長減於和爲高或闊此法高闊旣等則以高冪爲法除積可以得長而今以和冪一千六百爲法比高冪多長與和上乘積長與高上乘積各一段故倍和爲縱長廉負以隅乘商數長以減之則餘一和一高共數仍與商數長上乘以減和冪餘高冪爲法也

문제 15.4

지금 장방체의 체적이 5625척이고 길이와 너비의 합과 길이와 높이의 합이 각각 40척이면 길이, 너비, 높이는 각 얼마인가?

답 길이가 25척, 높이와 너비는 각 15척이다.

법칙은 5625척을 실수로 하여 위에 나열하고 40척은 종장염법수를 삼고 우법수 1은 아래에 부수로 둔다. 이감동가법으로 풀면 15척을 얻어 높이 혹은 너비로 삼아 합에서 감하여 길이로 삼는다. 이것은 화수대양종상동법[8)]이다.

---

8) 화수대양종상동법 : 두 화수가 같아 구하는 두수가 같으므로 체적 $V=a(40-a)^2=a^3-80a^2+1600a$에서 1600척을 종방염법수 80척을 종장염

길이와 높이의 합 안에서 상수를 감하여 남은 것은 길이가 되므로 상수 자승수와 더불어 서로 곱하여 실수에서 감한다. 상수를 자승한 수는 즉 높이와 너비를 서로 곱한 수이다. 우법수 1을 부(-)로 한 것은 즉 상수를 감하는 까닭이다.

또 법칙은 5625척을 실수로 하여 위에 나열하고 40척을 자승하여 1600을 얻어 종방염법수로 삼고 40척을 배로 하여 80척을 얻어 종장염법수로 삼아 부수로 두고 우법수 1은 아래에 둔다.

이감동가법으로 번적하여 풀면 25척을 얻어 길이로 삼고 합에서 감하여 높이 또는 너비로 삼는다. 이 법칙은 높이와 너비가 이미 같은 즉 높이의 멱(승)으로 법수로 삼아 체적에서 나누면 길이를 얻게 된다.

이제 합의 멱(승) 1600을 법수로 하고 높이 멱수에 비해 길이와 합을 서로 곱한 면적이 더 크고 길이와 높이를 서로 곱한 면적이 각 1단이므로 합의 배수를 종장염법수로 삼아 부수로 하고 우법수와 상수인 길이를 곱하여 이것으로 감하면 하나의 합과 하나의 높이가 남고 공수(같은 수)가 된다. 이 공수에 상수인 길이와 서로 곱하여 합의 멱수에서 감하면 높이의 멱수가 남으니 법수로 한다.

問十五-五

今有長方體積三萬九千三百七十五尺長與高之和七十尺闊與高之和六十尺問長闊高各幾何

答曰長四十五尺闊三十五尺高二十五尺

법수로 하여 이감동가법으로 번적하여 풀어 화수로써 각각을 구하는 방법이다.

法列三萬九千三百七十五尺爲實於上兩和上乘得四千二百爲縱方廉兩和相併得一百三十爲縱長廉負置隅法一算於下按異減同加法飜積開得二十五尺爲高減於長高和爲長減於闊高和爲闊此和數帶兩縱不同法也與前問又法無異也

又法列三萬九千三百七十五尺爲實於上兩和相減得十尺爲長闊較乃以長高和七十尺與長闊較十尺上乘得七百尺爲縱方廉負長高和七十尺與長闊較十尺相併得八十尺爲縱長廉置隅法一算於下負按異減同加法開得四十五尺爲長減於長高和爲高減去長闊較爲闊此法以闊高上乘積爲法除實可以得長而今以長高和與長闊較之共數爲縱長廉內減商數餘爲高及長闊較以乘商數得長高上乘積一段長乘長闊較積一段也以長高和長闊較上乘爲縱方廉負其數爲高乘長闊較積一段長乘長闊較積一段故以之相減則長乘長闊較積上等減盡而長高上乘積內減高乘長闊較積餘爲闊高相乘積也

又法列三萬九千三百七十五尺爲實於上闊高和六十與長闊較十尺上乘得六百尺爲縱方廉闊高和六十尺內減長闊較十尺餘五十尺爲縱長廉置隅法一算於下負按異減同加法開得三十五尺爲闊減於闊高和爲高加長闊較爲長此法以長高上乘積爲法除實則可以得闊而今以長闊較減闊高和爲縱長廉內減商數餘爲高內去長闊較以乘商數得闊高上乘積內少濶[9]乘長濶較積也以闊高和與長闊較上乘爲縱方廉其數爲闊乘長闊較積及高乘長闊較積之共數故以之相加則闊乘長闊較積適補其所少而濶高上乘積得高乘長闊較積爲長高上乘積也

9) 闊의 俗字임

문제 15.5

지금 장방체의 체적이 39375척이고 길이와 높이의 합이 70척이고, 너비와 높이의 합이 60척이면 길이, 너비, 높이는 각 얼마인가?

답 길이 45척, 너비 35척, 높이는 25척이다.

법칙은 39375척을 실수로 하여 위에 나열하고, 두 합을 서로 곱하여 4200을 얻어 종방염법수로 하고, 두 합을 서로 더하면 130을 얻어 종장염법수를 부수로 하여 우법수 1은 아래에 둔다.

이감동가법으로 번적하여 풀면 25척을 얻어 높이로 하고 길이와 높이의 합에서 감하여 길이를 얻고 너비와 높이의 합에서 감하여 너비를 얻는다. 이것은 화수대양종부동법[10]으로 앞의 문제와 더불어 그 법칙은 다르지 않다.

또 법칙은 39375척을 실수로 하여 위에 나열하고 두 개의 합을 서로 감하여 10척을 얻어 길이와 너비의 차로 하고 이에 길이와 높이의 합인 70척과 더불어 길이와 높이의 차 10척을 서로 곱하면 700척을 얻으니 종방염 부수로 하고 길이와 높이의 합 70척과 길이와 너비의 차 10척을 서로 더하면 80척을 얻어 종장염법수로 하고 우법수 1은 아래에 부수로 둔다. 이감동가법으로 풀면 45척을 얻으니 길이로 삼고, 길이와 높이의 합에서 감하여 높이로 하고 길이와 너비의 차를 빼면 너비가 된다.

이 법칙은 너비와 높이를 서로 곱한 면적을 법수로 하여 실수에서

10) 화수대양종부동법 ; 두 화수가 다른 경우에 교수를 얻어 화수와 교수의 곱과 합을 각각 종방염수, 종장염수 부수로 하여 이감동가법으로 번적하여 풀어서 화수 및 교수로써 각각 구하는 방법이다.

나누면(실수를 법수로 나누면) 길이를 얻을 수 있게 된다.

지금 길이와 높이의 합과 길이와 너비의 차의 공수를 종장염법수로 하여 안에서 상수를 감하면 남는 것은 높이와 길이와 너비의 차가 된다. 이미 상수를 곱하므로 길이와 높이를 서로 곱한 면적 1단을 얻고, 길이와 길이와 너비의 차를 곱한 면적인 1단을 얻는다.

길이와 높이의 합과 길이와 너비의 차를 서로 곱하여 종방염 부수로 하고 그 수를 높이와 길이와 너비의 차를 곱한 면적을 1단으로 하고, 길이와 길이와 너비의 차를 곱한 면적을 1단으로 하므로 이것으로 서로 감하면 즉 길이와 길이와 너비의 차를 곱한 면적과 서로 같으므로 감하면 없어지고, 길이와 높이를 서로 곱한 면적 안에서 높이와 길이와 길이와 너비의 차를 곱한 면적을 감하면 나머지는 너비와 높이를 서로 곱한 면적이 된다.

또 법칙은 39375척을 실수로 삼아 위에 나열하고 너비와 높이의 합 60과 길이와 너비의 차 10척을 서로 곱하여 600척을 얻어 종방염법수로 하고, 너비와 높이의 합 60척 안에서 길이와 너비의 차 10척을 감하면 50척이 남으니 종장염법수로 하고 우법수 1은 아래에 두어 부로 한다.

이감동가법에 따라 풀면 35척을 얻어 너비로 하고 너비와 높이의 합에서 감하면 높이를 얻고, 길이와 너비의 차를 더하여 길이를 얻는다. 이 법칙은 길이와 높이를 서로 곱한 면적을 법수로 하여 실수에서 나누어 너비를 얻을 수 있게 된다.

지금 너비와 높이의 합에서 길이와 너비의 차를 감하여 종장염법수로 하여 그 안에서 상수를 감하여 남은 것을 높이로 삼고 그 안에서 길이와 너비의 차를 빼서 상수를 곱하면 너비와 높이를 서로 곱한 면적에서 너비와 길이와 너비의 차의 면적보다 작은 것을 얻는다.

너비와 높이의 합과 더불어 길이와 너비의 차를 서로 곱하여 종방염법수로 하고 그 수를 너비로 하여 길이와 너비의 차를 곱한 것과 높이에 길이와 너비의 차를 곱한 것은 공수이므로 이것을 서로 더한 것은 즉 너비와 길이와 너비의 차를 곱한 면적은 그 작은 것을 보충하는데 적합하고 너비와 높이를 서로 곱한 면적은 높이에 길이와 너비의 차의 면적을 얻어 길이와 높이를 서로 곱한 면적이 된다.

16 제승방법(諸乘方法)

「平方爲面立方爲體過此以往數之所衍無形可稽如三乘方卽立方之依邊數者四乘方卽三乘方之依邊數層疊者五乘方卽四乘方之依邊數層疊者而並無實形其爲積也每多一乘則自乘積爲平方再乘積爲立方三乘積爲三乘方四乘積爲四乘方五乘積爲五乘方至於十乘百乘皆倣此推之開之也法多一層平方之法二層立方之法三層三乘方之法四層四乘方之法五層五乘方之法六層十乘百乘皆倣此推之而超一位商之平方超二位商之立方超三位商之三乘方超四位商之四乘方超五位商之五乘方超六位商之十乘百乘皆倣此推之一串爲例玆不逐條設則畧擧數端焉又有省算代開者三乘方可以兩次平方開之三乘方爲平方積自乘數五乘方可以一次平方開之一次立方開之五乘方爲立方積自乘數七乘方可以三次平方開之亦可以一次平方開之一次三乘方開之七乘方爲三乘方積自乘數八乘方可以兩次立方開之八乘方爲立方積再乘數九乘方可以一次平方開之一次四乘方開之九乘方爲四乘方積自乘數」

평방은 면적이고, 입방은 체적으로 이것보다 큰 거듭수는 형태는 없으나 헤아릴 수는 있다. 즉 3승방은 입방에 한 변수에 의하고, 4승방은 3승방에 한 변수의 층첩에 의하고, 5승방은 4승방에 한 변수의 층첩에 의하니 나란히 실제의 형태는 없다. 자승적은 평방이고,

재승적은 입방이고, 3승적은 3승방이고, 4승적은 4승방이고, 5승적은 5승방으로 십승, 백승에 이르기까지 모두다 이와 같이 한다. 그것을 푸는 법은 1층이 많다. 평방의 법은 2층이고, 입방의 법은 3층이고, 3승방의 법은 4층이고, 4승방의 법은 5층이고, 5승방의 법은 6층이고, 십승, 백승 모두 이와 같이 한다. 그리고 한자리 건너뛰어 그것을 나눈다. 평방은 두 자리 건너뛰어 그것을 나누고, 입방은 세 자리 건너뛰어 그것을 나누고, 3승방은 네 자리 건너뛰어 그것을 나누고, 4승방은 다섯 자리 건너뛰어 그것을 나누고, 5승방은 여섯 자리 건너뛰어 그것을 나누고, 십승, 백승 모두 이와 같이 한다. 일연의 예로써 조목을 설명하지 않고, 생략하여 수를 열거할 뿐이다. 또 계산하는 것을 살펴보면 대개는 3승방은 두 차례 평방개로 할 수 있다. 3승방은 평방적의 자승수이다.[1)]

5승방은 한 차례 평방개와 한 차례 입방개로 할 수 있다. 5승방은 입방적의 자승수이다.[2)]

7승방은 세차례 평방개로 할 수 있고, 역시 한차례의 평방개와 한차례의 3승방개로 할 수 있다. 7승방은 3승방적의 자승수이다.[3)]

8승방은 두차례의 입방개로 할 수 있다. 8승방은 입방적의 재승수이다.[4)]

9승방은 한차례의 평방개와 한차례의 4승방개로 할 수 있다. 9승방은 4승방적의 자승수이다.[5)]

---

1) $a^4 = (a^2)^2$

2) $a^6 = (a^3)^2$

3) $a^8 = ((a^2)^2)^2,\ a^8 = (a^4)^2$

4) $a^9 = (a^3)^3$

5) $a^{10} = (a^5)^2$

問十六-一

今有三乘方積三十九萬六百二十五尺問每邊若干

答曰二十五尺

法列三十九萬六百二十五尺爲實於上超置隅法一算於實九萬位之下乃商得二十於實九萬位之上以隅法乘之得二十置之隅法之上爲長廉法仍乘商數得四百置之長廉之上爲平方廉法仍乘商數得八千置之平方廉之上爲立方廉法仍乘商數得十六萬以減實餘二十三萬六百二十五爲次商實隅法內含商數所以三乘除實也長廉已得商數所以再乘除實也平方廉商數自乘積所以自乘除實也立方廉商數再乘積所以爲法除實也四乘方以上皆倣此推之又以隅法乘初商數得二十加長廉爲四十仍乘初商數得八百加平方廉爲一千二百仍乘初商數得二萬四千加立方廉爲三萬二千卽初商數再乘四倍數也又以隅法乘初商數得二十加長廉爲六十仍乘初商數得一千二百加平方廉爲二千四百卽初商數自乘六倍數也又以隅法乘初商數得二十加長廉爲八十卽初商數四倍數也於是立方廉一退平方廉二退長廉三退隅法四退皆復本位次商得五尺於餘實五尺位之上以隅法乘之得五尺加長廉爲八十五仍乘次商數得四百二十五加平方廉得二千八百二十五仍乘次商數得一萬四千一百二十五加立方廉得四萬六千一百二十五仍乘次商數得二十三萬六百二十五以減次商實恰盡併初商次商得二十五尺爲每一邊

又法列三十九萬六百二十五尺爲實以一爲隅法開平方得六百二十五尺仍爲實以一爲隅開平方得二十五尺爲每一邊」

문제 16.1

지금 3승방적이 390625척이면 각 변은 얼마인가?

답 25척이다.

법칙은 390625척을 실수로 하여 위에 나열하고 우법수 1은 건너뛰어 실수 90000의 위치 위에서 상 20을 얻어, 이로써 우법수를 곱하여 20을 얻어 우법수의 위에 이것을 두어 장염법수로 한다. 이에 상수를 곱하여 400을 얻어 장염법수의 위에 두고 평방염법수로 한다. 이에 상수를 곱하여 8000을 얻어 평방염법수의 위에 두고 입방염법수로 하고 이에 상수를 곱하여 160000을 얻어 이를 실수에서 감하면 230625가 남으니 차상실로 한다. 우법수는 상수를 포함하므로[6] 그 3승적은 실수를 제한다. 장염법수는 이미 얻은 상수이므로 그 재승은 실수를 제한다.[7]

평방염법수는 상수를 자승적한 것이므로 자승은 실수를 제한다.[8]

입방염법수는 상수를 재승적한 것이므로 법수(상수 = 장염법수)로서 실수를 제한다.[9]

4승방 이상은 모두 이와 같게 한다.

또 우법수에 초상수를 곱하여 20을 얻어 장염법수에 더하여 40을

---

6) 여기서의 우법수는 장염법수, 평방염법수, 입방염법수

7) $\frac{a^4}{a^3} = a$

8) $\frac{a^4}{a^2} = a^2$

9) $\frac{a^4}{a} = a^3$

얻는다. 이에 초상수를 곱하여 800을 얻어 평방염법수에 더하여 1200을 얻고 이에 초상수를 곱하여 24000을 얻어 입방염법수에 더하여 32000을 얻는다. 즉 초상수를 재승하여 4배한 수이다.[10] 또 우법수로 초상수를 곱하여 20을 얻어 장염법수에 더하면 60을 얻고 이에 초상수를 곱하여 1200을 얻어 평방염법수에 더하면 2400이 된다. 즉 초상수의 자승의 6배수이다.[11] 또 우법수로 초상수에 곱하여 20을 얻어 장염법수에 더하면 80이 된다. 즉 초상수의 4배수이다. 이에 입방염법수는 한자리 물리고, 평방염법수는 두 자리 물리고, 장염법수는 세 자리 물리고, 우법수는 네 자리 물리면 모두 다시 본래의 위치로 돌아오고, 차상 5척을 남은 실수 5척의 자리 위에서 얻어 이로써 우법수로 그것에 곱하여 5척을 얻어 장염법수에 더하여 85를 얻는다. 이에 차상수를 곱하여 425를 얻어 평방염법수에 더하여 2825를 얻고 이에 차상수를 곱하여 14125를 얻어 입방염법수에 더하여 46125를 얻어 이에 차상수를 곱하여 230625를 얻고 이를 차상실에서 감하면 다 없어지므로 초상과 차상을 더하면 25를 얻으니 각 한 변이 된다.

또 법칙은 390625를 실수로 삼아 나열하고 1을 우법수로 하여 개평방하여 625척을 얻으니 이것을 실수로 하고 1을 우법수로 하여 개평방하여 25척을 얻어서 각 한 변으로 한다.

---

10) $20^3 = 8000$, $8000 \times 4 = 32000$

11) $20^2 = 400$, $400 \times 6 = 2400$

問十六-二

今有五乘方積二倍三乘方積五倍平方積四十一倍共數內減四乘方積三倍立方積三十倍邊數五百倍餘數五百二十七萬七千二百十六問每邊數幾何

答曰十二

法列五百二十七萬七千二百十六爲實於上列五百爲縱四乘廉法負四乘廉居除法之層故邊數從之減故爲負也四十一爲縱三乘廉法正三乘廉居平方隅法之層故平方積從之三十爲縱立方廉法負立方廉居立方隅法之層故立方積從之減故爲負也五爲縱平方廉法正平方廉居三乘方隅法之層故三乘方積從之三爲縱長廉法負長廉居四乘方隅法之層故四乘方積從之減故爲負也二爲隅法正於是四乘廉進一位三乘廉進二位立方廉進三位平方廉進四位長廉進五位隅法進六位商得一十於實五百萬位之上以隅法乘之內減縱長廉餘十七爲長廉變爲正仍乘商數加縱平方廉得一百七十五爲平方廉正仍乘商數內減縱立方廉餘一千七百二十爲立方廉變爲正仍乘商數加縱三乘廉得一萬七千二百四十一爲三乘廉正仍乘商數內減縱四乘廉餘十七萬一千九百十爲四乘廉變爲正仍乘商數以減實餘三百五十五萬八千一百十六爲次商實又以隅法乘初商加長廉仍乘初商加平方廉仍乘初商加立方廉仍乘初商加三乘廉仍乘初商加四乘廉得一百六萬一千三百二十卽初商數之四乘積二段六百立方積五段四倍商數四十一段二倍共數內減三乘積三段五倍平方積三十段三倍及五百算之餘數也

又以隅法乘初商加長廉仍乘初商加平方廉仍乘初商加立方廉仍乘初商加三乘廉得二十七萬二千一百四十一卽初商數之三乘積二段十五倍

平方積五段六倍及四十一算共數內減立方積三段十倍商數三十段三倍之餘數也又以隅法乘初商加長廉仍乘初商加平方廉仍乘初商加立方廉得三萬七千一百七十卽初商數之立方積二段二十倍商數五段四倍共數內減平方積三段十倍及三十算之餘數也又以隅法乘初商加長廉仍乘初商加平方廉得二千八百五十五卽初商數之平方積二段十五倍及五算共數內減商數三段五倍之餘數也又以隅法乘初商加長廉得一百十七卽初商數二段六倍內減三算之餘數也於是四乘廉一退三乘廉二退立方廉三退平方廉四退長廉五退隅法六退皆復本位次商得二於餘實六尺位之上以隅法乘之加長廉得一百二十一仍乘次商加平方廉得三千九十七仍乘次商數加立方廉得四萬三千三百六十四仍乘次商數加三乘廉得三十五萬八千八百六十九仍乘次商數加四乘廉得一百七十七萬九千零五十八仍乘次商數得三百五十五萬八千一百十六以減次商實恰盡併初商次商得十二爲每邊數

문제 16.2

지금 5승방적의 2배, 3승방적의 5배, 평방적의 41배를 합한 수에서 4승방적의 3배, 입방적의 30배, 변수의 500을 감하면 남은 수가 5277216이면 각 변수는 얼마인가?

답 12이다.12)

법칙은 5277216을 실수로 하여 위에 나열하고 500은 종4승염법수로 하여 부수로 한다. 4승염법수는 제법의 층에 있으므로 변수는 그

---

12) $(2a^6+5a^4+41a^2)-(3a^5+30a^3+500a)=5277216$, $a=12$

것에 따라 감하므로 부가 된다.[13)]

41은 종3승염법수로 하여 정으로 한다. 3승염법수는 평방우법의 층에 있으므로 평방적은 그것에 따른다.[14)]

30은 종입방염법수로 하여 부로 한다. 입방염법수는 입방우법의 층에 있으므로 입방적은 그것에 따라 감하므로 부가 된다.[15)]

5는 종평방염법수로 하여 정으로 한다. 평방염법수는 3승방 우법의 층에 있으므로 3승방적은 그것에 따른다. 3은 종장염법수로 하여 부로 한다. 장염법수는 4승방우법의 층에 있으므로 4승방적은 그것에 따라 감하므로 부가 된다.[16)]

2는 우법수로 하여 정으로 한다.[17)]

이에 4승염법수는 한자리 나아가고, 3승염법수는 두 자리 나아가고, 입방염법수는 세 자리 나아가고, 평방염법수는 네 자리 나아가고, 장염법수는 다섯 자리 나아가고, 우법수는 여섯 자리 나아가서 실수의 5백만 자리의 위에서 상(몫) 10을 얻어 우법수로 곱하여 안에서 종장염법수를 감하면 17이 남아 이것을 장염법수로 하여 바꾸어 정으로 한다.[18)]

이에 상수를 곱하여 종평방염법수에 더하여 175를 얻어 평방염법수로 하여 정이 된다.[19)]

---

13) $-500a$

14) $+41a^2$

15) $-30a^3$

16) $-3a^5$

17) $+2a^6$

18) $2\times10-3=17$

19) $17\times10+5=175$

이에 상수를 곱하여 종입방염법수를 감하면 나머지가 1720이 되고 입방염법수로 하여 바꾸어 정이 된다.[20]

이에 상수를 곱하여 종3승염법수를 더하면 17241을 얻어 3승염법수로 하여 정이 된다.[21]

이에 상수를 곱하여 종4승염법수를 감하면 나머지가 171910이 되고 4승염법수로 하여 바꾸어 정이 된다.[22]

이에 상수를 곱하여 실수를 감하면 3558116이 남으니 차상실로 한다.[23]

또 우법수로 초상수를 곱하여 장염법수를 더하고, 이에 초상수를 곱하여 평방염법수를 더하고, 이에 초상수를 곱하여 입방염법수를 더하고, 이에 초상수를 곱하여 3승염법수를 더하고, 이에 초상수를 곱하고 4승염법수를 더하면 1061320을 얻는다.[24]

즉 초상수의 4승적의 2단의 6배, 입방적의 5단의 4배와 상수의 41단의 2배에 합한 수(공수)안에서 3승적의 3단의 5배, 평방적의 30단의 3배에 500을 계산하여 감하여 남은 수이다.[25][26]

---

20) $175 \times 10 - 30 = 1720$

21) $1720 \times 10 + 41 = 17241$

22) $17241 \times 10 - 500 = 171910$

23) $5277216 - 1719100 = 3558116$

24) $[\{[\{(2 \times 10 + 17) \times 10 + 175\} \times 10 + 1720] \times 10 + 1724\} \times 10 + 171910] = 1061320$

25) $(10^5 \times 2 \times 6 + 10^3 \times 5 \times 4 + 10 \times 41 \times 2) - (10^4 \times 3 \times 5 + 10^2 \times 30 \times 3 + 500) = 1061320$

26) $10 \times 2 + 17 = 37$ (제2 장염수)
$37 \times 10 + 175 = 545$ (제2 평방염수)
$545 \times 10 + 1720 = 7170$ (제2 입방염수)
$7170 \times 10 + 17241 = 88941$ (제2 삼승염수)
$88941 \times 10 + 171910 = 1061320$ (제2 사승염수)

또 우법수에 초상수를 곱하고 장염법수를 더하고 이어서 초상수를 곱하고 평방염법수를 더하고 이어서 초상수를 곱하고 입방염법수를 더하고 초상수를 곱하고 3승염법수를 더하면 272141을 얻는다.[27]

즉 초상수의 3승적의 2단의 15배와 평방적의 5단의 6배에 41를 더한 수 안에서 입방적의 3단의 10배와 상수 30단의 3배의 수를 감하여 남은 수이다.[28]

또 우법수로 초상수를 곱하고 장염법수를 더하고 이어 초상수를 곱하고 평방염법수를 더하고 이어 초상수를 곱하고 입방염법수를 더하면 37170을 얻는다.[29]

즉 초상수의 입방적의 2단의 20배와 상수의 5단의 4배를 더한 수에서 평방적의 3단의 10배에 30을 더한 수를 감하여 남은 수이다.[30]

또 우법수에 초상수를 곱하고 장염법수를 더하여 이어 초상수를 곱하고 평방염법수를 더하면 2855를 얻는다.[31]

즉 초상수의 평방적의 2단의 15배에 5를 더한 수 안에서 상수의 3단의 5배를 감하여 남은 수이다.[32]

---

27) $10\times2+37=57$(제3 장염수)
$57\times10+545=1115$(제3 평방염수)
$1115\times10+7170=18320$(제3 입방염수)
$18320\times10+88941=272141$(제3 삼승염수)

28) $(10^4\times2\times15+10^2\times5\times6+41)-(10^3\times3\times10+10\times30\times3)$
$=303041-30900=272141$

29) $10\times2+57=77$(제4 장염수)
$77\times10+1115=1885$(제4 평방염수)
$1885\times10+18320=37170$(제4 입방염수)

30) $(10^3\times2\times20+10\times5\times4)-(10^2\times3\times10+30)=40200-3030=37170$

31) $10\times2+77=97$(제5 장염수)
$97\times10+1885=2855$(제5 평방염수)

32) $(10^2\times2\times15+5)-10\times3\times5=2855$

또 우법수로 초상수를 곱하고 장염법수를 더하면 117을 얻는다.[33] 즉 초상수의 2단의 6배 안에서 3을 감하여 남은 수이다.[34]

여기서 4승염법수는 한자리 물리고, 3승염법수는 두 자리 물리고, 입방염법수는 세 자리 물리고, 평방염법수는 네 자리 물리고, 장염법수는 다섯 자리 물리고 우법수는 여섯 자리 물리면 모두 본래의 자리로 돌아와 차상수 2를 남은 실수의 6척 위에서 얻는다.

우법수로 그것을 곱하고 장염법수를 더하면 121를 얻고 이어 차상수를 곱하고 평방염법수를 더하면 3097를 얻고 이어 차상수를 곱하고 입방염법수를 더하면 43364를 얻고, 이어 차상수를 곱하고 3승염법수를 더하면 358869를 얻고, 이어 차상수를 곱하고 4승염법수를 더하면 1779058을 얻고, 이어 차상수를 곱하면 3558116을 얻으니 차상실에서 감하면 모두 없어지므로 초상 ,차상을 더하면 12를 얻어 각 변수가 된다.[35]

「開方之法置商數於實上以商乘隅連乘爲法上達於實帶縱者遇同名則相加正仍爲正負仍爲負異名則相減減餘在正爲正在負爲負而法實異名以法減實卽其常也或法多飜減則爲換骨卽翻積同名相加則爲投胎卽益積而換骨或投胎者法必有飜自平方以至百乘千乘同此一規也其列位則

---

33) $10\times2+97=117$(제6 장염수)

34) $10\times2\times6-3=117$

35) $2\times2+117=121$
$121\times2+2855=3097$
$3097\times2+37170=43364$
$43364\times2272141=358869$
$358869\times2+1061320=1779058$
$1779058\times2=3558116$

擇其異名之可以相步者步之步者商除也上實下法以法步實而以方廉隅按法超進至於它數無過法實之首位者爲可步也以方卽方廉也步實者齊實及方之首位以廉卽長廉也步方者齊方及廉之首位以隅步廉者齊廉及隅之首位實少法多差一位如除法視其末超幾位它數從以進退而其首位之相差懸殊不問也如有實三百七十五萬負方廉六萬長廉二百隅二俱正則以方步實齊實及方之首位列之」

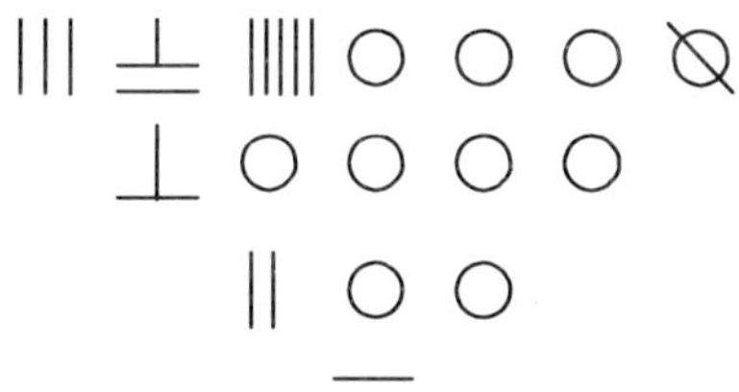

그림 (7)[36]

개방의 법칙은 상수를 실수의 위에 놓고 상수로서 우법수와 곱하고 연이어 곱하여 실수에 다다르는 법이다. 대종이 같은 이름(같은 부호)과 만난다는 것은 즉 더하여 정이면 정이 되고, 부이면 부가 된다는 것이다. 다른 이름(다른 부호)과 만난다는 것은, 즉 서로 감하여 남은 것이 정이면 정이 되고, 부이면 부가 된다는 것이다. 법수와

---

36)

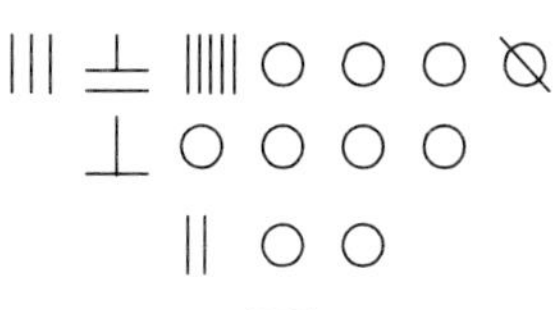

… 실수(부) 3,750,000
… 방염수(정)60,000
… 장염수(정)200
… 우법수(정)2

 : 負數 표시

실수가 다른 이름이면 실수에서 법수를 감하는 것 즉 이것이 상이다. (일반적인 방법이다.)

혹은 법수가 많으면 바꾸어 감하는 것으로 환골이라 한다. 즉 번적이다.

같은 이름이면 서로 더하는 것으로 투태라 한다. 즉 익적이다.[37)]

환골 또는 투태라는 법은 반드시 바꿀 수 있으므로 평방에서 백승, 천승까지 이와 같이 한다.

그 자리를 나열하는 즉 그 다른 이름 (다른 부호)을 택하여 서로 보할 수 있는 것은 보한다. 보라는 것은 상으로 나누는 것이다.

위에는 실수를 아래에는 법수를 두어 법수로 실수를 보하는 것이고 방염수, 장염수와 우법수로서 법수를 고찰하여 초과하면 나아가고 다른 수가 법수와 실수의 첫째자리를 지날 수 없음에 이르러서는 보할 수 있게 된다.

방으로 (즉 방염법수이다.) 실수를 보하는 것은 실수와 방염법수의 첫째자리를 가지런히 하는 것이다. 염으로 (즉 장염법수이다.) 방염법수를 보하는 것은 방염법수와 장염법수의 첫째자리를 가지런히 하는 것이다. 우법수로서 장염법수를 보하는 것은 장염법수와 우법수의 첫째자리를 가지런히 하는 것이다. 실수가 작고 법수가 많으면 차를 한 자리로 하는 제법이다. 그 자리가 몇 자리를 초과하는 것을 보고 다른 수도 좇아서 나아가거나 물러서는 것이다. 그 첫째자리의 서로의 차가 뚜렷하게 다른 것은 문제 삼지 않는다.

가령 실수가 3750000으로 부이고, 방염법수가 60000, 장염법수

---

37) 대종 같은 이름 : $+a+b=+(a+b)$, $-a-b=-(a+b)$
다른 이름 : $+a-b=+(a-b)$, $a>b$, $+a-b=-(b-a)$, $a<b$

가 200, 우법수가 2로서 모두 정이면 방염법수로 실수를 보하는 것으로 실수와 방염법수의 첫째자리를 가지런히 하여 다음과 같이 나열한다.

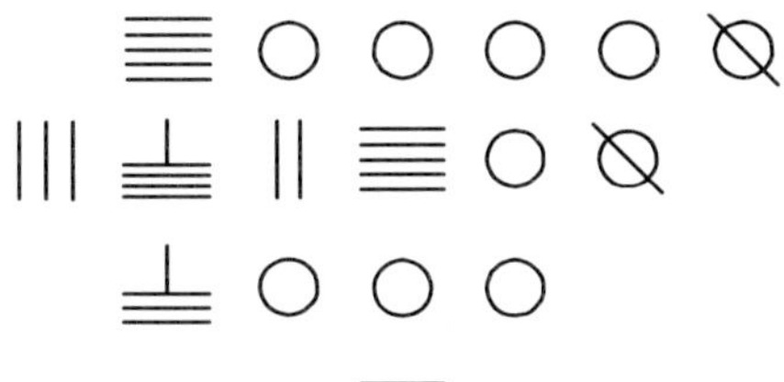

그림 (8)[38]

「開立方得五十其方廉末位超實一位故長廉末位超方廉一位隅之末位超長廉一位而首位相差不問也如有實五十萬方廉三十九萬二千五百俱負長廉八千隅一俱正則以廉步方齊方及廉之首位列之」

개입방으로 50을 얻고 그 방염법수의 끝자리가 실수보다 한자리 건너뛰므로 장염법수의 끝자리는 방염법수의 한자리를 건너뛰고, 우법수의 끝자리는 장염법수의 한자리를 건너뛰어 첫째자리의 서로의 차는 문제되지 않는다. 가령 실수가 500000이고, 방염법수가 392500으로 모두 부이고, 장염법수가 8000이고 우법수는 1로서 모

38)

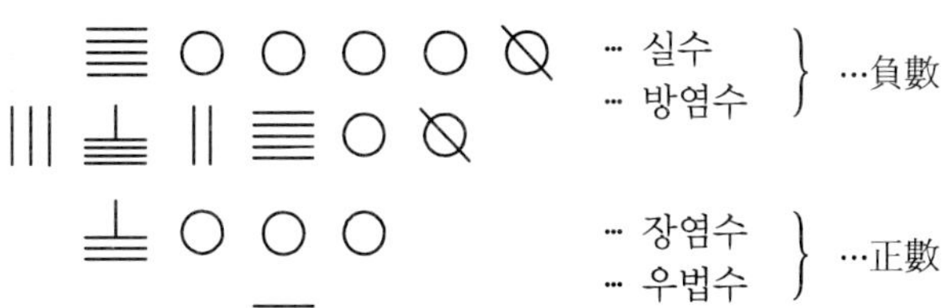

두 정이면 장염법수로 방염법수를 보하고, 방염법수와 장염법수의 첫째자리를 가지런히 하여 나열한다.[39]

「開立方得五十其長廉末位超方廉一位故方廉末位超實一位隅之末位超長廉一位而首位相差不問也如有實六千方廉三千一百八十五長廉三百九十二俱負隅一正則以隅步廉齊及隅之首位而列之」

개입방으로 50을 얻고 그 장염법수의 끝자리는 방염법수의 한자리를 건너뛰므로 방염법수의 끝자리는 실수의 한자리를 건너뛰고 우법수의 끝자리는 장염법수의 한자리를 건너뛰는 것으로 첫째자리의 서로의 차는 문제가 되지 않는다.

가령 실수가 6000이고 방염법수가 3185이고 장염법수가 392로서 모두 부이고, 우법수는 1로서 정이면 우법수로서 장염법수를 보하고 장염법수와 우법수의 첫째자리를 가지런히 하여 나열한다.[40]

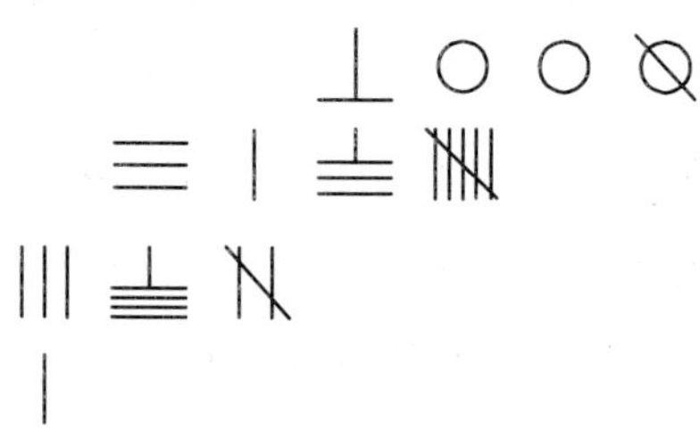

그림 (9)[41]

---

39) $[\{(2\times 50+200)\times 50\}+60000]\times 50=3750000$

40) $\{(1\times 50+8000)\times 50-392500\}\times 50=500000$

「開立方得四百其隅之末位超長廉二位故長廉末位超方廉二位方廉末位超實二位而首位相差不問也有以廉步實者以隅步方者按平方法齊其首實有千位而法當實之百位便是齊也更進則過實首位故也亦視其末位它數從而進退而首位不問也如有實二千二百四十萬負方廉八千長廉八千隅十六俱正則法當以方步實而不進則法實不齊一進則廉過法之首位故以廉步實而按平方法再進則法大於實故一進列之」

개입방으로 400을 얻고 그 우법수의 끝자리가 장염법수의 두 자리를 건너뛰므로 장염법수의 끝자리는 방염법수의 두 자리를 건너뛰고 방염법수의 끝자리는 실수의 두 자리를 건너뛰는 것으로 첫째자리의 서로의 차는 문제가 되지 않는다. 장염법수로 실수를 보하거나 우법수로서 방염법수를 보하는 경우는 평방법을 고찰하여 그 첫째자리를 가지런히 하는 것이다. 실수가 천 자리에 있으면 법수는 실수의 백의 자리에 마땅하므로 곧 이것을 가지런하게 한다는 것이다. 다시 더 나아가면 실수의 첫째자리를 넘는 까닭이다. 역시 그 끝의 위치를 보고 다른 수가 따르므로 나아가고 물리는 것은 첫째자리와는 상관이 없다.

가령 실수가 22400000으로 부이고, 방염법수는 8000, 장염법수는 80000, 우법수는 16으로 모두 정이면, 법칙은 방염법수로 실수를

---

41)

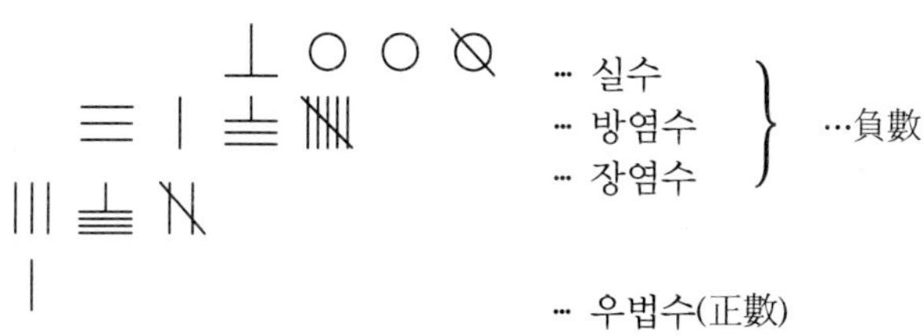

보하는 것이 마땅하고, 나아가지 않으면 즉 법수와 실수가 가지런하지 않고 하나 나아간다. 즉 염법수는 법수의 첫째자리보다 넘으므로 염법수로서 실수를 보한다. 평방법으로 생각하여 법수는 다시 나아가는 즉 법수는 실수보다 크므로 하나 나아가 나열한다.[42)]

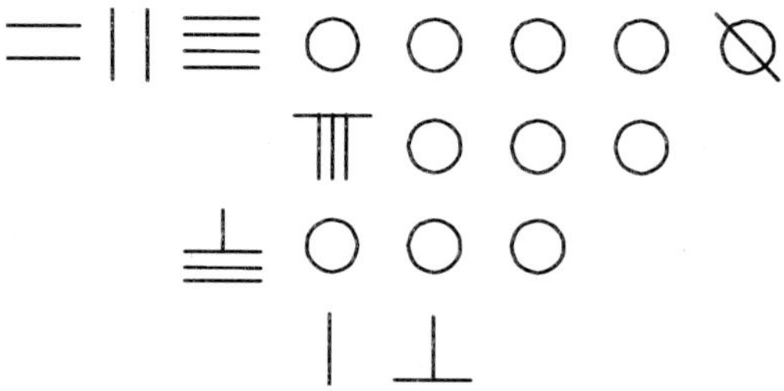

그림 (10)[43)]

「開立方得五十其長廉末位超實二位則方廉居其間故末位超實一位而退長廉一位隅之末位超長廉一位而首位相差不問也以隅步方者倣此其商數則異名相步者爲正數同名相步者爲負數故初商變位訖覺商數過多餘實及方廉隅同名者卽商數過多則續商負數相減覺商數過少餘實尙多者卽商數過少則續商正數相加」

---

42) $\{(1\times400-392)\times400-3185\}\times400=6000$

43)
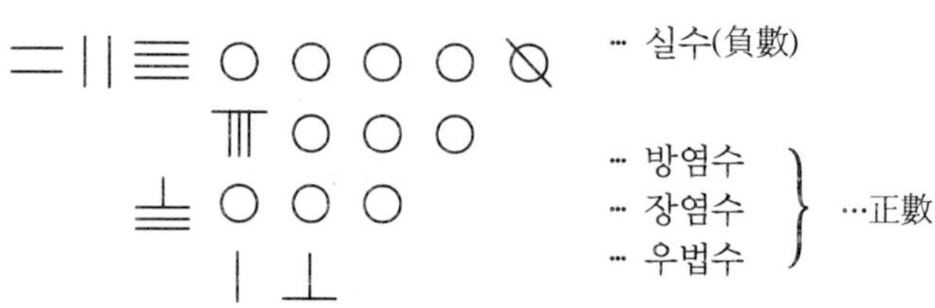

개입방으로 풀어 50을 얻고, 그 장염법수의 끝자리가 실수의 두 자리를 건너뛰므로 방염법수는 그 사이에 있으므로 끝의 자리는 실수의 한자리를 건너뛰므로 장염법수를 한자리 물리고 우법수의 끝자리는 장염법수의 한자리를 건너뛰며 첫째자리의 차는 있더라도 문제가 없다. 우법수로서 방염법수를 보하는 것은 이와 비슷하다.

그 상수는 즉 다른 부호로 서로 보하면 정수가 되고, 같은 부호로 서로 보하면 부수가 되므로 초상수는 자리가 변하고 상수가 많다는 것을 깨닫게 된다.

나머지 실수 및 방염법수, 우법수가 같은 부호이면 상수가 많다. 계속하여 상수가 부수이고 서로 감하면 상수가 적다는 것을 깨닫게 된다.

실수의 나머지가 항상 많다는 것은 즉 상수가 적다는 것이다. 즉 계속하여 상수가 정수이면 서로 더한다.

「如有實四十九萬八千四百五十六負方廉五萬正長廉六百負隅一正以廉步方飜積開得八十六而誤商九十則實餘十二萬九千四百五十六方廉餘三萬三千七百長廉餘三百三十俱負隅一正實方及廉同名而隅一異名無以相消故變容同減異加續商得負數四減於九十得八十六也誤商七十飜減則實餘四十萬四千五百四十四正方廉餘一萬九千三百長廉餘三百九十俱負隅一正足可商十故續商得正數十六加於七十得八十六也」

가령 실수가 498056으로 부이고 방염법수는 50000으로 정이고 장염법수 600은 부이고 우법수는 1로서 정이면, 장염법수로서 방염법수를 보하고 거꾸로 풀면 86을 얻는다. 잘못하여 상수를 90이라 하면 실수는 129456이 남고, 방염법수는 33700이 남고, 장염법수도

330이 남아 모두 부이고 우법수는 1로서 정이고, 실수와 방염법수 및 장염법수까지 같은 부호(負)이고, 우법수 1은 다른 부호(正)이므로 서로 소(消)하면 없어지므로 동감이가를 변용하여 계속해서 나누어 얻은 부수 4를 90에서 감하여 86을 얻는다.

잘못하여 상을 70이라 하면 바꾸어 감한 즉 실수는 남은 것이 404544로서 정이고, 방염법수는 남은 것이 19300이고, 장염법수는 남은 것이 390으로 모두 부이고, 우법수는 1로서 정으로 족히 상 10이 되므로 계속해서 나누어 얻은 정수 16을 70에 더하면 86을 얻는다.

「商數不易者無論初商次商以五約商五爲中數便於進退故也後進退之如以前數約商五十飜減則實餘六十二萬六千五百四十四正方廉餘二千五百長廉餘四百五十俱負隅一正以廉步實續商得三十六加之得八十六也又如實九千四百三十八方廉一萬四千五百俱負長廉三百隅二俱正以廉步方益積開得三十九而約商五十飜減則實餘二十六萬五千五百六十二方廉餘三萬五百長廉餘六百隅二俱正覺商數過多故變容同減異加續商得十一減之得三十九也

此皆立方之例而平方及諸乘方可以類推也」

상수가 바뀌지 않는다는 것은 초상, 차상을 막론하고 5로서 상수로 어림잡는다.

5는 중수이고 나아가고 물러섬에 있어 편리하기 때문이다. 후에 나아가고 물러선다.

가령 앞의 수로서 상수를 50으로 어림잡아 거꾸로 감하면 즉 실수는 남은 것이 626544로서 정이고, 방염법수는 남은 것이 2500이고, 장염법수는 남은 것이 450으로 모두 부이고, 우법수는 1로서 정이면 장염법수로 실수를 보하여 계속해서 나누어 36을 얻게 되고 그것에 더하면 86을 얻게 된다.

또 가령 실수가 9438이고, 방염법수가 14500으로 모두 부이고, 장염법수가 300, 우법수가 2로서 모두 정이면 장염법수로 방염법수를 보하여 익적으로 풀면 39를 얻게 된다. 어림잡아 상수를 50으로 하여 거꾸로 감하면 실수의 남은 수는 265562이고, 방염법수의 남은 수는 30500이고, 장염법수의 남은 수는 600, 우법수는 2로서 모두 정이므로, 상수가 지나치게 많은 것을 알게 되므로 동감이가를 변용하여 계속해서 나누어 11를 얻게 되어 그것에서 감하면 39를 얻게 된다.

이것 모두 입방의 예이나 평방에서부터 여러 승방까지도 이와 같이 유추할 수 있다.

17 구고율(勾股率)

「勾爲廣股爲修其形卽長方之半一角必成矩

卽直角若不成直角則爲三角形而非勾股也

而斜徑爲弦以此三者相併相減以生和較自乘相乘以得冪積錯綜變化參伍互求要皆知其二卽可得其餘故凡測量割圓等依形立算之術並不外是惟其勾冪股冪併之與弦冪故妙用生焉是以欲定勾股弦整數者任以一數爲中率一數爲首率以首率除中率冪得末率

卽連比例三率

首末率相併折半命爲弦相減折半命爲勾中率命爲股

若以首末率相併爲弦相減爲勾則中率倍之爲股也勾股亦可以互命如二四八連比例首末率相併得十爲弦相減得六爲勾中率倍之得八爲股也一十百連比例首末率相併得一百一爲弦相減得九十九爲股中率倍之得二十爲勾也

盖有兩數以其半較冪加於兩數相乘積原得半和冪

見開帶縱平方法

今弦爲首末率之半和勾爲首末率之半較而首末率相乘積卽中率冪故以中率爲股也」

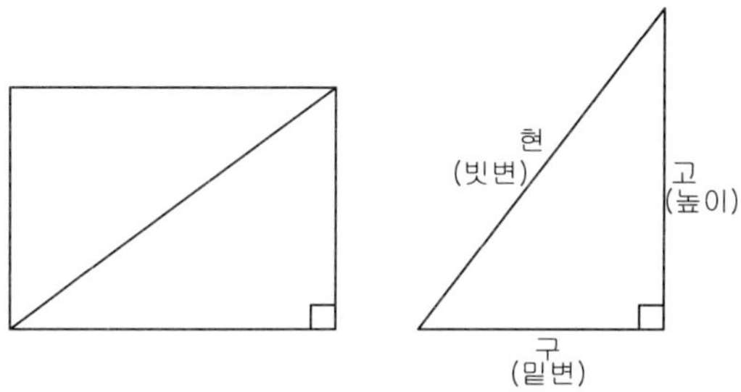

그림 (11)

구는 밑변이고 고는 그 모양에서 높이이다. 즉 직사각형의 반으로 한 각이 반드시 곱자의 모서리를 이루는 것이다. 즉 직각이고 만약 직각을 이루지 못하면 구고(직각삼각형)가 아닌 삼각형이다. 그리고 빗변은 현이다.

이 세 가지를 서로 더하고 서로 감하므로 화수(합)와 교수(차)가 만들어지고 자승하고 서로 곱하여 멱적을 얻는 것이다. 착종과 변화로서 가지런하지 않더라도 서로 구하는 요점은 모두다 그 두 가지를 알면 그 나머지를 얻을 수 있으므로 무릇 측량과 할원 등의 형체에 의하여 계산을 하는 기술이 아울릴 뿐 그 외의 것이 아니다. 오직 그 구멱과 고멱을 서로 더하면 더불어 현멱이 같으므로 묘용이 생기는 것이다.[1)]

구고현을 정수로 정하고자 하는 것은 임의의 한 수를 중율로, 한 수를 수율로 하고, 수율로서 중율멱을 제하면 말율을 얻는다. 즉 연비례 삼율이다.[2)]

---

1) $구^2+고^2=현^2$

2) 중율 a, 수율 b라 하면, $\dfrac{a^2}{b}$은 말율이다. 즉 수율 : 중율 : 말율 $=b:a:\dfrac{a^2}{b}$ 이다. 즉 연비례 삼율이다. $b^2:ab:a^2=b:\sqrt{ab}:a$

수율과 말율을 서로 더하여 그 절반을 현이라 명하고, 서로 감하여 그 절반을 구라 명하고 중율을 고로 명한다. 가령 수율과 말율을 서로 더하여 현이라 하고 서로 감하여 구라 하면 중율은 고의 배가 된다. 구고 역시 가히 서로 명한 것이니 가령 2, 4, 8 연비례에서는 수율과 말율을 서로 더하여 10을 얻어 현으로 하고 서로 감하여 6을 얻어 구로 하며 중율을 배로 하여 얻은 8이 고가 된다. 1, 10, 100의 연비례에서 수율과 말율을 더하면 101을 얻어 현으로 하고, 서로 감하여 99를 얻어 고라 하고 중율을 두 배 하여 얻은 20을 구로 한다. 대체로 두 수가 있어 그 두 수의 차의 반을 제곱하고, 그 두 수를 곱한 것에 더하면 원래의 두 수의 합의 반의 제곱을 얻는다. 대종평방법의 풀이를 참조한다.[3)]

지금 현이 수율과 말율의 합의 반이고 구는 수율과 말율의 차의 반이면 수율과 말율을 곱한 적은 즉 중율의 제곱이므로 중율은 고가 된다.[4)]

---

3) $\frac{\text{수율}+\text{말율}}{2}$=현이라 하고, $\frac{\text{말율}-\text{수율}}{2}$=구라 하면, 중율은 고가 된다.
수율+말율=현, 말율- 수율=구라 하면, 중율은 고의 배가 된다. 임의로 짧은 것은 구, 긴 것을 고로 이름을 정한 것이니 가령 수율 2, 중율 4, 말율 8이라 하면, $2+8=10$은 현이고, $8-2=6$은 구이고, $2\times4=8$은 고가 된다. 가령 수율 1, 중율 10, 말율 100이라 하면, $1+100=101$은 현이고, $100-1=99$는 고이고, $2\times10=20$은 구이다.
두 수 a, b라 하면, $\left(\frac{a-b}{2}\right)^2+ab=\left(\frac{a+b}{2}\right)^2$ 즉, $\text{구}^2+\text{고}^2=\text{현}^2$이다. 그림 (11)

4) 수율a, 중율 $\sqrt{ab}$, 말율b로 하면, $\left(\frac{a+b}{2}\right)$가 현이고 $\left(\frac{a-b}{2}\right)$이 구이면, $\sqrt{ab}$은 고가 된다.

「勾股和與勾股較相加卽二股

勾得勾股較爲股

相減卽二勾

股去勾股較爲勾

與勾弦和相加卽勾及弦和和

一勾相疊

相減卽股弦較

股減弦爲股弦較

與勾弦較相加卽股弦和

勾得勾弦較爲弦

相減卽勾及弦和較

股去勾弦較爲弦和較

與股弦和相加卽股及弦和和

一股相疊

相減卽勾弦較

勾減弦爲勾弦較

與股弦較相加卽勾弦和

股得股弦較爲弦

相減卽股及弦和較

勾去股弦較爲弦和較」

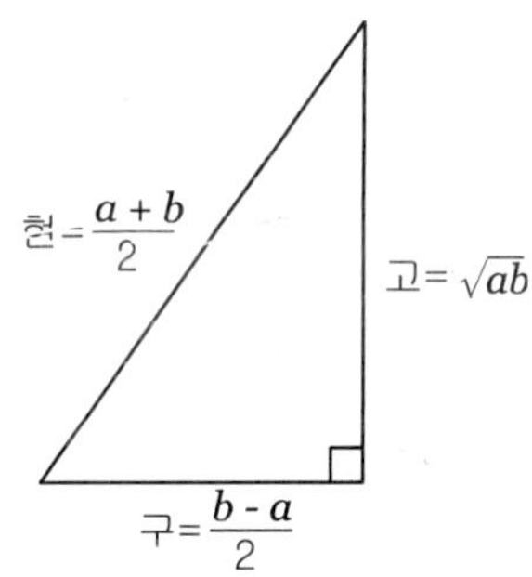

그림 (12)

구고의 합과 구고의 차를 서로 더하면 즉 두 개의 고가 된다.[5]
구에서 구고의 차를 얻으면 고가 된다.[6]

---

5) (구+고)+(고−구)=2고

6) 구+(고−구)=고

서로 감하면 즉 두 개의 구가 된다.[7]

고에서 구고차를 없애면 구가 된다.[8]

더불어 구현의 합을 서로 더하면 즉 구 및 현화화이다.

하나의 구가 서로 겹친다.[9]

서로 감하면 즉 고현의 차이다.[10]

더불어 구현의 차를 서로 더하면 즉 고현의 합이다.

구에서 구현의 차를 얻으면 현이 된다.[11]

서로 감하면 즉 구 및 현화교이다.

고에서 구현의 차를 빼면 현화교가 된다.[12]

더불어 고현의 합을 서로 더하면 즉 고 및 현화화이다.

하나의 고가 서로 겹친다.[13]

서로 감하면 즉 구와 현의 차이다.

현에서 구를 감하면 구현의 차이다.[14]

더불어 고현의 차를 서로 더하면 즉 구현의 합이다.

고에서 고현의 차를 얻으면 현이 된다.[15]

---

7) (구＋고)－(고－구)＝2구

8) 고－(고－구)＝구

9) (구＋고)＋(구＋현)＝구＋(고＋구＋현)＝2구＋고＋현

10) (구＋고)－(구＋현)＝고－현

11) (구＋고)＋(현－구)＝고＋현
구＋(현－구)＝현

12) (구＋고)－(현－구)＝구＋(고＋구－현)
고－(현－구)＝고＋구－현

13) (구＋고)＋(고＋현)＝고＋(구＋고＋현)＝2고＋구＋현

14) (고＋현)－(구＋고)＝현－구

15) (구＋고)＋(현－고)＝구＋현
고＋(현－고)＝현

서로 감하면 즉 고 및 현화교이다.

구에서 고현의 차를 빼면 현화교이다.[16)]

「勾股較與勾弦和相加卽股弦和

勾股較得勾爲股

相減卽勾及弦較較

勾股較減弦爲弦較較

與勾弦較相加卽弦較和去勾

勾股較得弦爲弦較和

相減卽股弦較

股減弦爲股弦較

與股弦和相加卽股及弦較和

勾股較得弦爲弦較和

相減卽勾弦和

勾股較減股爲勾

與股弦較相加卽勾弦較

股得股弦較爲弦

相減卽股去弦較較

勾得股弦較爲弦較較若勾股較與股弦較等則股與弦較較亦等」

구와 고의 차와 더불어 구와 현의 합을 서로 더하면 즉 고와 현의 합이다.[17)]

---

16) (구＋고)－(현－고)＝고＋(고＋구－현)
구－(현－고)＝구＋고－현 : 현화교

17) (고－구)＋(구＋현)＝고＋현

구와 고의 차에서 구를 얻으면 고이다.[18]

서로 감하면 즉 구 및 현교교이다.[19]

구와 고의 차에서 현을 감하면 현교교가 된다.[20]

더불어 구와 현의 차를 더하면 즉 현교화에서 구를 뺀 것이다.[21]

구와 고의 차에서 현을 얻으면 현교화가 된다.[22]

서로 감하면 즉 고와 현의 차이다.

현에서 고를 감하면 고와 현의 차가 된다.[23]

더불어 고와 현의 합을 서로 더하면 즉 고 및 현교화이다.[24]

구와 고의 차에서 현을 얻으면 현교화가 된다.[25]

서로 감하면 즉 구와 현의 합이다.[26]

고에서 구와 고의 차를 감하면 구이다.[27]

더불어 고와 현의 차를 서로 더하면 즉 구와 현의 차이다.[28]

고에서 고와 현의 차를 얻으면 현이 된다.[29]

서로 감하면 즉 고 및 현교교이다.[30]

---

18) (고－구)＋구＝고

19) (구＋현)－(고－구)＝구－(고－구－현)

20) (고－구)－현＝고－구－현 : 현교교

21) (고－구)＋(현－구)＝(고－구＋현)－구＝현교화－구

22) (고－구)＋현＝현교화

23) (현－구)－(고－구)＝현－고

24) (고－구)＋(고＋현)＝고＋(고－구＋현)

25) (고－구)＋현＝고－구＋현 : 현교화

26) (현＋고)－(고－구)＝현＋구

27) 고－(고－구)＝구

28) (고－구)＋(현－고)＝현－구

29) 고＋(현－고)＝현

30) (고－구)－(현－고)＝고＋(고－구－현)

구에 고와 현의 차를 얻으면 현교교가 된다.[31]
만약 구와 고의 차가 고와 현의 차와 같으면 고와 현교교는 역시 같다.[32]

「勾弦和與勾弦較相加卽二弦
勾得勾弦較爲弦
相減卽二勾
弦去勾弦較爲勾
與股弦和相加卽弦及弦和和
一弦相疊
相減卽勾股較
勾減股爲勾股較
與股弦較相加卽弦及弦較較
勾得股弦較爲弦較較
相減卽勾股和
弦去股弦較爲股」

구와 현의 합과 더불어 구와 현의 차를 더하면 두 개의 현이 된다.[33]
구에 구와 현의 차를 얻으면 현이 된다.[34]
서로 감하면 즉 두 개의 구가 된다.[35]
현에서 구와 현의 차를 빼면 구가 된다.[36]

---

31) 구+(현−고)=−(고−구−현):−현교교
32) (고−구)=(현−고)고=−(고−구−현)
33) (구+현)+(현−구)=2현
34) 구+(현−구)=현
35) (구+현)−(현−구)=2구

더불어 고와 현의 합을 서로 더하면 즉 현 및 현화화이다.
하나의 현이 서로 겹친다.37)
서로 감하면 즉 구와 고의 차이다.38)
고에서 구를 감하면 구와 고의 차이다.
더불어 고와 현의 차를 서로 더하면 즉 현 및 현교교이다.39)
구에 고와 현의 차를 얻으면 현교교가 된다.40)
서로 감하면 즉 구와 고의 합이다.41)
현에서 고와 현의 차를 빼면 고가 된다.42)

「勾弦較與股弦和相加卽弦及弦較和
勾弦較得股爲弦較和
相減卽勾股和
勾弦較減弦爲勾
與股弦較相加卽弦去
弦和較
勾去股弦較爲弦和較
相減卽勾股較
弦去股弦較爲股

36) 현－(현－구)＝구
37) (구＋현)＋(고＋현)＝현＋(고＋구＋현)＝고＋구＋2현
38) (현＋고)－(구＋현)＝고－구
39) (구＋현)＋(현－고)＝현－(고－구－현)
40) 구＋(현－고)＝구＋현－고＝－(고－구－현)
41) (구＋현)－(현－고)＝구＋고
42) 현－(현－고)＝고

股弦和與股弦較相加卽二弦

股得股弦較爲弦

股弦較與股弦和相減卽二股

弦去股弦較爲股」

구와 현의 차와 더불어 고와 현의 합을 서로 더하면 즉 현 및 현교화이다.[43)]

구와 현의 차에서 고를 얻으면 현교화가 된다.[44)]

서로 감하면 즉 구와 고의 합이다.[45)]

현에서 구와 현의 차를 감하면 구가 된다.[46)]

더불어 고와 현의 차를 서로 더하면 즉 현에서 현화교를 뺀 것이다.[47)]

구에서 고와 현의 차를 빼면 현화교가 된다.[48)]

서로 감하면 즉 구와 고의 차이다.[49)]

현에서 고 와 현의 차를 빼면 고가 된다.[50)]

고와 현의 합과 더불어 고와 현의 차를 서로 더하면 즉 두 개의 현이다.[51)]

고에 고와 현의 차를 얻으면 현이 된다.[52)]

---

43) (현 − 구) + (고 + 현) = 현 + (고 − 구 + 현)

44) (현 − 구) + 고 = 고 − 구 + 현

45) (고 + 현) − (현 − 구) = 고 + 구

46) 현 − (현 − 구) = 구

47) (현 − 구) + (현 − 고) = 현 − (고 + 구 − 현)

48) 구 − (현 − 고) = 고 + 구 − 현

49) (현 − 구) − (현 − 고) = 고 − 구

50) 현 − (현 − 고) = 고

51) (고 + 현) + (현 − 고) = 2현

52) 고 + (현 − 고) = 현

고와 현의 차와 더불어 고와 현의 합을 서로 감하면 즉 두 개의 고가 된다.[53)]

현에서 고와 현의 차를 빼면 고가 된다.[54)]

「弦和和卽勾和和亦卽股和和
蓋勾股弦三和
與弦和較相加卽二箇勾股和
弦得弦和較亦爲勾股和
相減卽二弦
勾股和去弦和較亦爲弦
與弦較和相加卽二箇股弦和
勾和和得勾和較爲二箇股弦和
相減卽二勾
勾和和去勾和較爲二勾
與弦較較相加卽二箇勾弦和
股和和得股和較爲二箇勾弦和
相減卽二股
股和和去股和較爲二股」

현화화는 즉 구화화이고 역시 고화화이다. 대개 구고현의 삼합이다.[55)] 더불어 현화교를 서로 더하면 즉 구와 고의 합이 두 개다.[56)]

---

53) (고＋현)－(현－고)＝2고

54) 현－(현－고)＝고

55) (고＋구)＋현＝(고＋현)＋구＝(현＋구)＋고

56) (고＋구＋현)＋(고＋구－현)＝2(구＋고)

현에 현화교를 역시 얻으면 구와 고의 합이 된다.57)

서로 감하면 즉 2현이다.58)

구와 고의 합에서 현화교를 빼면 역시 현이 된다.59)

더불어 현교화를 서로 더하면 즉 두 개의 고와 현의 합이 된다.60)

구화화에 구화교를 얻으면 두 개의 고와 현의 합이다.61)

서로 감하면 즉 2구이다.62)

구화화에서 구화교를 없애면 두 개의 구가 된다.63)

더불어 현교교와 서로 더하면 즉 두 개의 구와 현의 합이 된다.64)

고화화에 고화교를 얻으면 두 개의 구와 현의 합이 된다.65)

서로 감하면 즉 두 개의 고가 된다.66)

고화화에서 고화교를 빼면 두 개의 고가 된다.67)

「弦和較

弦與勾股和之較

卽勾較較

---

57) 현+(고+구-현)=고+구

58) (고+구+현)-(고+구-현)=2현

59) (구+고)-(고+구-현)=현

60) (구+고+현)+(고-구+현)=2(고+현)

61) (고+현+구)+(고+현-구)=2(고+현)

62) (고+구+현)-(고-구+현)=2구

63) (고+현+구)-(고+현-구)=2구

64) (고+구+현)±(고-구-현)=2(구+현)

65) (구+현+고)+(구+현-고)=2(구+현)

66) (구+현+고)-(구+현-고)=2고

67) (구+현+고)-(구+현-고)=2고

勾與股弦較之較

亦卽股較較

股與勾弦較之較

與弦較和相加卽二股

股較較得股較和爲二股

相減卽二箇勾弦較

股較較減股較和爲二箇勾弦較

與弦較較相加卽二勾

勾較較得勾較和爲二勾

相減卽二箇股弦較

勾較較減勾較和爲二箇股弦較

與勾股和相加卽二箇勾股和去一弦

弦與勾股和之較又加勾股和爲二箇勾股和去一弦

相減卽弦

勾股和去弦與勾股和之較爲弦

與勾股較相加卽股去股弦較

勾較較得勾股較爲股與股弦較之較

相減卽勾去勾弦較或勾減勾弦較

股較較與勾股較相減爲勾與勾弦較之較而股較較大則爲二勾去一弦勾股較大則爲一弦去二勾

與勾弦和相加卽勾及勾股和

勾弦和去弦加勾股和爲二勾一股

相減卽弦及股弦較

勾弦和去勾股和加弦爲二弦去一股

與勾弦較相加卽股

股較較得勾弦較爲股

相減卽二箇勾弦較去一股

股較較又減勾弦較爲二箇勾弦較去一股若股較較與勾弦較等則二箇勾弦較與一股亦等

與股弦和相加卽股及勾股和

股弦和去弦加勾股和爲二股一勾

相減卽弦及勾弦較

股弦和去勾股和加弦爲二弦去一勾

與股弦較相加卽勾

勾較較得股弦較爲勾

相減卽一勾去二箇股弦較

勾較較又去股弦較爲一勾去二箇股弦較」

현화교 즉 현과 구와 고의 합의 차이다.[68]

즉 구교교이다. 구와 더불어 고와 현의 차의 차이다.[69]

역시 즉 고교교이다. 고와 더불어 구와 현의 차의 차이다.[70]

더불어 현교화를 서로 더하면 즉 두 개의 고이다.[71]

고교교에 고교화를 얻으면 두 개의 고가 된다.[72]

서로 감하면 즉 두 개의 구와 현의 차이다.[73]

---

68) 현화교＝(고＋구)－현

69) －(현－고)－구＝구－(현－고)＝구＋고－현

70) －(현－구)－고＝고－(현－구)＝고＋구－현

71) (고＋구－현)＋(고－구＋현)＝2고

72) (고＋구－현)＋(현－구＋고)＝2고

73) (현－구＋고)－(고＋구－현)＝2(현－구)

고교화에서 고교교를 감하면 두 개의 구와 현의 차가 된다.[74)]

더불어 현교교와 서로 더하면 즉 두 개의 구이다.[75)]

구교교에 구교화를 얻으면 두 개의 구가 된다.[76)]

서로 감하면 즉 두 개의 고와 현의 차이다.[77)]

구교화에서 구교교를 감하면 두 개의 고와 현의 차이다.[78)]

더불어 구와 고의 합과 서로 더하면 즉 두 개의 구와 고의 합에서 하나의 현을 뺀 것이다.[79)]

현과 더불어 구와 고의 합의 차와 또 구와 고의 합을 더하면 두 개의 구와 고의 합에서 하나의 현을 뺀 것이다.[80)]

서로 감하면 즉 현이다.[81)]

구와 고의 합에서 현을 빼고 더불어 구와 고의 합의 차는 현이 된다.[82)]

더불어 구와 고의 차를 서로 더하면 즉 고에서 고와 현의 차를 뺀 것이다.[83)]

구교교에 구와 고의 차를 얻으면 고와 더불어 고와 현의 차의 차가 된다.[84)]

---

74) (현－구＋고)－(고＋구－현)＝2(현－구)

75) (구＋고－현)±(고－구－현)＝2구

76) －(현－고－구)＋(현－고＋구)＝2구

77) (현－고＋구)－(현－고－구)＝2(현－고)

78) (현－고＋구)－(현－고－구)＝2(현－고)

79) (고＋구－현)＋(구＋고)＝2(구＋고)－현

80) {(구＋고)－현}＋(구＋고)＝2(구＋고)－현

81) －{(구＋고)－현}＋(구＋고)＝현

82) －{(구＋고)－현}＋(구＋고)＝현

83) (고＋구－현)＋(고－구)＝고－(현－고)

84) －(현－고－구)＋(고－구)＝고－(현－고)

서로 감하면 즉 구에서 구와 현의 차를 뺀 것이거나 혹은 구에서 구와 현의 차를 감한 것이다.85)

고교교와 더불어 구와 고의 차를 서로 감하면 구와 더불어 구와 현의 차의 차이고 고교교가 크면 즉 2구에서 1현을 빼는 것이고, 구와 고의 차가 크면 즉 1현에서 2구를 뺀 것이다.86)

더불어 구와 현의 합을 서로 더하면 즉 구 및 구와 고의 합이다.87)

구와 현의 합에서 현을 빼고 구와 고의 합을 더하면 2구와 1고가 된다.88)

서로 감하면 즉 현 및 고와 현의 차이다.89)

구와 현의 합에서 구와 고의 합을 빼고 현을 더하면 2현에서 1고를 뺀 것이 된다.90)

더불어 구와 현의 차를 서로 더하면 즉 고이다.91)

고교교가 구와 현의 차를 얻으면 고가 된다.92)

서로 감하면 즉 두 개의 구와 현의 차에서 1고를 뺀 것이다.93)

고교교 또는 구와 현의 차를 감하면 두 개의 구와 현의 차에서 1고를 뺀 것이다.94)

---

85) −(현−고−구)−(고−구)=구−(현−구)

86) −(현−구−고)−(고−구)=구−(현−구)=2구−현
(고−구)−{−(현−구−고)}=현−2구

87) −(현−구−고)+(구+현)=구+(구+고)

88) (구+현)−현+(구+고)=2구+고

89) (구+현)−{(현−구−고)=현}+(현−고)

90) (구+현)−(구+고)+현=2현−고

91) (고+구−현)+(현−구)=고

92) (고+구−현)+(현−구)=고

93) (현−구)−(고+구−현)=2(현−구)−고

94) (현−구)−(고+구−현)=2(현−구)−고

만약 고교교와 구와 현의 차가 같으면 즉 두 개의 구와 현의 차와 1고는 역시 같다.[95)]

더불어 고와 현의 합을 서로 더하면 고 및 구와 고의 합이다.[96)]

고와 현의 합에서 현을 빼고 구와 고의 합을 더하면 2고와 1구가 된다.[97)]

서로 감하면 즉 현 및 구와 현의 차이다.[98)]

고와 현의 합에서 구와 고의 합을 빼고 현을 더하면 2현에서 1구를 뺀 것이 된다.[99)]

더불어 고와 현의 차를 서로 더하면 즉 구이다.[100)]

구교교가 고와 현의 차를 얻으면 구가 된다.[101)]

서로 감하면 즉 1구에서 2개의 고와 현의 차를 뺀 것이다.[102)]

구교교에서 고와 현의 차를 빼면 1구에서 2개의 고와 현을 뺀 것이 된다.[103)]

「弦較和

弦與勾股較之和

卽勾和較

勾與股弦和之較

---

95) (현－구)=－(현－구－고)2(현－구)＝고

96) 현화교＋고현화＝(고＋구－현)＋(고＋현)＝2고＋구＝고＋(구＋고)

97) (고＋현)－현＋(구＋고)＝2고＋구

98) 고현화－현화교＝(고＋현)－(고＋구－현)＝2현－구＝현＋(현－구)

99) (고＋현)－(구＋고)＋현＝2현－구

100) (고＋구－현)＋(현－고)＝구

101) －(현－고－구)＋(현－고)＝구

102) (고＋구－현)－(현－고)＝구－2(현－고)

103) －(현－고－구)－(현－고)＝구－2(현－고)

亦卽股較和

股與勾弦較之和

與弦較較相加卽二弦

勾股較得弦較較亦爲弦

相減卽二箇勾股較

弦去弦較較亦爲勾股較

與勾股和相加卽股及股弦和

勾股較得勾股和爲二股

相減卽一弦去二勾或二勾去一弦

勾股較減勾股和爲二勾而弦較和大則爲一弦去二勾勾股和大則爲二勾去一弦

與勾股較相加卽弦及二箇勾股較

弦與勾股較之和又加勾股較爲弦及二箇勾股較

相減卽弦

弦與勾股較之和去勾股較爲弦

與勾弦和相加卽弦及股弦和

股較和得勾弦和爲二弦一股

相減卽一股去二勾或二勾去一股

股較和與勾弦和之較爲一股與二勾之較而股較和大則爲一股去二勾勾弦和大則爲二勾去一股

與勾弦較相加卽股及二箇勾弦較

股較和又加勾弦較爲股及二箇勾弦較

相減卽股

股較和去勾弦較爲股

與股弦和相加卽二箇股弦和去一勾

勾和較又加股弦和爲二箇股弦和去一勾

相減卽勾

勾和較減股弦和爲勾

與股弦較相加卽弦及勾弦較

勾和較得股弦較爲二弦去一勾

相減卽股及勾股較

勾和較去股弦較爲二股去一勾」

현교화는 현과 더불어 구와 고의 차의 합이다.[104)]

즉 구화교이다. 구와 더불어 고와 현의 합의 차이다.[105)]

역시 고교화이다. 고와 더불어 구와 현의 차의 합이다.[106)]

더불어 현교교와 서로 더하면 즉 2현이다.[107)]

구와 고의 차에서 현교교를 얻으면 역시 현이 된다.[108)]

서로 감하면 즉 2개의 구와 고의 차이다.[109)]

현에서 현교교를 빼면 역시 구와 고의 차가 된다.[110)]

더불어 구와 고의 합을 서로 더하면 즉 고 및 고와 현의 합이다.[111)]

구와 고의 차가 구와 고의 합을 얻으면 2고가 된다.[112)]

---

104) 현교화 = 현 + (고 − 구) = 고 − 구 + 현

105) 구화교 = (고 + 현) − 구 = 고 + 현 − 구

106) 고교화 = 고 + (현 − 구) = 현 − 구 + 고
현교화 = 구화교 = 고교화, 교환법칙과 결합법칙

107) (고 − 구 + 현) − (고 − 구 − 현) = 2현

108) (고 − 구) − (고 − 구 − 현) = 현

109) (고 − 구 + 현) − {−(고 − 구 − 현)}= 2(고 − 구)

110) 현 − {−(고 − 구 − 현)}= 고 − 구

111) (고 − 구 + 현) + (구 + 고) = 2고 + 현 = 고 + (고 + 현)

서로 감하면 즉 1현에서 2구 혹은 2구에서 1현을 뺀 것이다.113)

구와 고의 차에서 구와 고의 합을 감하면 2구이나 현교화가 크면 1현에서 2구를 뺀 것이 되고 구와 고의 합이 크면 2구에서 1현을 뺀 것이 된다.114)

더불어 구와 고의 차를 서로 더하면 즉 현 및 2개의 구와 고의 차이다.115)

현과 더불어 구와 고의 차의 합과 또 구와 고의 차를 더하면 현에 2개의 구와 고의 차를 더한 것이 된다.116)

서로 감하면 즉 현이다.117)

현과 더불어 구와 고의 차의 합에서 구와 고의 차를 빼면 현이 된다.118)

더불어 구와 현의 합을 서로 더하면 즉 현 및 고와 현의 합이다.119)

고교화가 구와 현의 합을 얻으면 2현과 1고가 된다.120)

서로 감하면 즉 1고에서 2구를 뺀 것 혹은 2구에서 1고를 뺀 것이다.121)

고교화와 더불어 구와 현의 합의 차는 1고와 더불어 2구의 차이다.

고교화가 크면 1고에서 2구를 뺀 것이고, 구와 현의 합이 크면 2구에서 1고를 뺀 것이다.122)

---

112) (고－구)＋(구＋고)＝2고

113) 현교화－구고화＝(고－구＋현)－(구＋고)＝현－2구
혹은 (구＋고)－(고－구＋현)＝2구－현

114) (고＋구)－(고－구)＝2구

115) (현교화＋구고차＝(고－구＋현)＋(고－구)＝현＋2(고－구)

116) 현＋(고－구)＋(고－구)＝현＋2(고－구)

117) (현교화－구고차＝(고－구＋현)－(고－구)＝현

118) {현＋(고－구)}－(고－구)＝현

119) 현교화＋구현화＝(고－구＋현)＋(구＋현)＝2현＋고＝현＋(고＋현)

120) (현－구＋고)＋(구＋현)＝2현＋고

121) 현교화－구현화＝(고－구＋현)－(구＋현)＝고－2구
혹은 (구＋현)－(고－구＋현)＝2구－고

더불어 구와 현의 차를 서로 더하면 즉 고 및 2개의 구와 현의 차이다.123)

고교화에 또 구와 현의 차를 더하면 고 및 2개의 구와 현의 차이다.124)

서로 감하면 즉 고이다.125)

고교화에서 구와 현의 차를 빼면 고이다.126)

더불어 고와 현의 합을 서로 더하면 즉 2개의 고와 현의 합에서 1구를 뺀 것이다.127)

구화교에 또 고와 현의 합을 더하면 2개의 고와 현의 합에서 1구를 뺀 것이 된다.128)

서로 감하면 즉 구이다.129)

고와 현의 합에서 구화교를 감하면 구가 된다.130)

더불어 고와 현의 차를 서로 더하면 즉 현 및 구와 현의 차이다.131)

구화교가 고와 현의 차를 얻으면 2현에서 1구를 뺀 것이다.132)

서로 감하면 즉 고 및 구와 고의 차이다.133)

---

122) (현－구＋고)－(구＋현)＝고－2구,
(구＋현)－(현－구＋고)＝2구－고

123) 현교화＋구현교＝(고－구＋현)＋(현－구)＝고＋2(현－구)

124) 고교화＋구현교＝(현－구＋고)＋(현－구)＝고＋2(현－구)

125) (고－구＋현)－(현－구)＝고

126) 고교화－구현교＝(현－구＋고)－(현－구)＝고

127) 현교화＋고현화＝(고－구＋현)＋(고＋현)＝2(고＋현)－구

128) 구화교＋고현화＝(고＋현－구)＋(고＋현)＝2(고＋현)－구

129) 고현화－현교화＝(고＋현)－(고－구＋현)＝구

130) (고＋현)－(고＋현－구)＝구

131) 현교화＋고현교＝(고－구＋현)＋(현－고)＝2현－구＝현＋(현－구)

132) 구화교＋고현교＝(현＋고－구)＋(현－고)＝2현－구

133) 현교화－고현교＝(고－구＋현)－(현－고)＝2고－구＝고＋(고－구)

구화교에서 고와 현의 차를 빼면 2고에서 1구를 뺀 것이 된다.[134)]

「弦較較
弦與勾股較之較
卽勾較和
勾與股弦較之和
亦卽股和較
股與勾弦和之較
與勾股和相加卽勾及勾弦和
勾股和去勾股較加弦爲二勾一弦
相減卽股去股弦較
勾股和加勾股較去弦爲二股去一弦
與勾股較相加卽弦
弦與勾股較之較還加勾股較爲弦
相減卽一弦去二箇勾股較或二箇勾股較去一弦
弦與勾股較之較又減勾股較爲一弦與二箇勾股較之較而弦較較大則爲一弦去二箇勾股較勾較較大則爲二箇勾股較去一弦
與勾弦和相加卽二箇勾弦和去一股
股和較又加勾弦和爲二箇勾弦和去一股
相減卽股
股和較減勾弦和爲股
與勾弦較相加卽弦及股弦較
股和較加勾弦較爲二弦去一股

---

134) (현 + 고 − 구) − (현 − 고) = 2고 − 구

相減卽二勾去一股或一股去二勾

股和較減勾弦較爲二勾一股之較而弦較較大則爲二勾去一股勾弦較大則爲一股去二勾

與股弦和相加卽弦及勾弦和

勾較和又加股弦和爲二弦一勾

相減卽股及勾股較

勾較和減股弦和爲二股去一勾

與股弦較相加卽勾及二箇股弦較

勾較和又加股弦較爲勾及二箇股弦較

相減卽勾

勾較和去股弦較爲勾」

현교교는 현과 더불어 구와 고의 차의 차이다.[135)]

즉 구교화이다. 구와 더불어 고와 현의 차의 합이다.

역시 고화교이다. 고와 더불어 고와 현의 합의 차이다.[136)]

구와 고의 합과 더불어 서로 더하면 즉 구 및 구와 현의 합이다.[137)]

구와 고의 합에서 구와 고의 차를 빼고 현을 더하면 2구와 1현이 된다.[138)]

서로 감하면 즉 고에서 고와 현의 차를 뺀 것이다.[139)]

구와 고의 합에 구와 고의 차를 더하고 현을 빼면 2고에서 1현을

---

135) 현교교 − (고 − 구) − 현 = 현 − (고 − 구)

136) 현교교 = 구교화 = 고화교 = 현 − (고 − 구) = 구 + (현 − 고)
= (구 + 현) − 고

137) 현교교 + 구고화 = (현 − (고 − 구) + (구 + 고)
= 2구 + 현 = 구 + (구 + 현)

138) (구 + 고) − (고 − 구) + 현 = 2구 + 현

139) 구고화 − 현교교 = (구 + 고) + (고 − 구 − 현) = 2고 − 현 = 고 − (현 − 고)

뺀 것이 된다.[140]

더불어 구와 고의 차를 더하면 즉 현이다.[141]

현과 더불어 구와 고의 차의 차에 다시 구와 고의 차를 더하면 현이 된다.[142]

서로 감하면 즉 1현에서 2개의 구와 고의 차를 뺀 것이거나 혹은 2개의 구와 고의 차에서 1현을 뺀 것이다.[143]

현과 더불어 구와 고의 차의 차에 또 구와 고의 차를 감하면 1현과 더불어 2개의 구와 고의 차이나 현교교가 크면 1현에서 2개의 구와 고의 차를 뺀 것이고, 구와 고의 차가 크면 2개의 구와 고의 차에서 1현을 뺀 것이다.[144]

더불어 구와 현의 합을 서로 더하면 즉 2개의 구와 현의 합에서 1고를 뺀 것이다.[145]

고화교에 또 구와 현을 더하면 2개의 구와 현의 합에서 1고를 뺀 것이 된다.[146]

서로 감하면 즉 고이다.[147]

구와 현의 합에서 고화교를 감하면 고가 된다.[148]

---

140) (구＋고)＋(고－구)－현＝2고－현

141) 현교교＋구고교＝－(고－구－현)＋(고－구)＝현

142) 현－(고－구)＋(고－구)＝현

143) 현교교－구고교＝－(고－구－현)－(고－구)＝현－2(고－구)
혹은 구고교－현교교＝(고－구)＋(고－구－현)＝2(고－구)－현

144) 현－(고－구)－(고－구)＝현－2(고－구)
혹은 (고－구)－(현－고＋구)＝2(고－구)－현

145) 현교교＋구현화＝(현＋구－고)＋(구＋현)＝2(구＋현)－고

146) 고화교＋구현화＝2(구＋현)－고

147) (구＋현)－(현＋구－고)＝고

148) (구＋현)－고화교＝(구＋현)－(현＋구－고)＝고

더불어 구와 현의 차를 서로 더하면 즉 현 및 고와 현의 차이다.[149)]

고화교에 구와 현의 차를 더하면 2현에서 1고를 뺀 것이다.[150)]

서로 감하면 즉 2구에서 1고를 뺀 것이거나 혹은 1고에서 2구를 뺀 것이다.

고화교에서 구와 현의 차를 감하면 2구에서 1고를 뺀 것이다.

현교교가 크면 2구에서 1고를 뺀 것이고, 구와 현의 차가 크면 1고에서 2구를 뺀 것이 된다.[151)]

더불어 고와 현의 합을 서로 더하면 즉 현 및 구와 현의 합이다.[152)]

구교화에 또 고와 현의 합을 더하면 2현 1구가 된다.[153)]

구교화를 고와 현의 합에서 감하면 2고에서 1구를 뺀 것이다.[154)]

더불어 고와 현의 차를 서로 더하면 즉 구 및 2개의 고와 현의 차이다.[155)]

구교화에 또 고와 현의 차를 더하면 구 및 2개의 고와 현의 차이다.[156)]

서로 감하면 즉 구이다.

구교화에서 고와 현의 차를 빼면 구이다.[157)]

「五和共卽二勾四股四弦

---

149) 현교교 + 구현교 = (현 + 구 − 고) + (현 − 구) = 2현 − 고 = 현 + (현 − 고)

150) 고화교 + 구현교 = (현 + 구 − 고) + (현 − 구) = 2현 − 고

151) 현교교 − 구현교 = (현 + 구 − 고) − (현 − 구) = 2구 − 고,
혹은 구현교 − 현교교 = (현 − 구) − (현 + 구 − 고) = 고 − 2구

152) 현교교 + 고현화 = (현 + 구 − 고) + (고 + 현) = 2현 + 구 = 현 + (구 + 현)

153) 구교화 + 고현화 = (현 − 고 + 구) + (고 + 현) = 2현 + 1구

154) 고현화 − 구교화 = (고 + 현) − (현 − 고 + 구) = 2고 − 구

155) 현교교 + 고현교 = (현 − 고 + 구) + (현 − 고) = 구 + 2(현 − 고)

156) 구교화 + 고현교 = (현 − 고 + 구) + (현 − 고) = 구 + 2(현 − 고)

157) 현교교 − 고현교 = (현 − 고 + 구) − (현 − 고) = 구

勾股和勾弦和股弦和弦和和共爲三勾三股三弦而倂弦較和則加股弦和去一勾故爲二勾四股四弦

五較共卽二弦

勾股較勾弦較共爲股弦和去二勾而倂股弦較則加一弦去一股爲二弦去二勾又倂弦和較則加一勾一股去一弦爲股弦和去一勾又倂弦較較則加一勾一弦去一股故爲二弦」

다섯 개의 합을 더하면 즉 2구 4고 4현이다.

구와 고의 합, 구와 현의 합, 고와 현의 합, 현화화를 함께 더하면 3구 3고 3현이 된다. 이에 현교화를 더하면 즉 고와 현의 합에서 1구를 빼는 것이므로 2구 4고 4현이 된다.[158)]

다섯 개의 차를 더하면 즉 2현이다.

구와 고의 차와 구와 현의 차를 더하면 고와 현의 합에서 2구를 뺀 것이고 고와 현의 차를 즉 1현에서 1고를 뺀 것을 더하면 2현에서 2구를 뺀 것이 된다. 또 현화교 즉 1구 1고에서 1현을 뺀 것을 더하면 고와 현의 합에서 1구를 뺀 것이 된다. 또 현교교 즉 1구 1현에서 1고를 뺀 것을 더한 것이므로 2현이 된다.[159)]

---

158) 5화공 = 2구 + 4고 + 4현 = 구고화 + 구현화 + 고현화 + 현화화 + 현교화
= {(구 + 고) + (구 + 현) + (고 + 현) + (구 + 고 + 현)} + (고 − 구 + 현)
= (3구 + 3고 + 3현) + (고 + 현 − 구) = 2구 + 4고 + 4현

159) 5교공 = 2현 = 구고교 + 구현교 + 고현교 + 현화교 + 현교교
= (고 − 구) + (현 − 구) + (현 − 고) + (구 + 고 − 현) + (구 + 현 − 고)
= 2현

「勾股相乘折半得勾股積

勾股形爲長方形之半

大小二勾股形爲同式

勾股弦分數同則長闊形式必同故曰同式如勾三股四弦五之小形與勾六股八弦十之大形爲同式則大勾小股相乘積與小勾大股相乘積等大勾小弦相乘積與小勾大弦相乘積亦等大股小弦相乘積與小股大弦相乘積亦等

分數旣同故大小互乘其積必等此卽相當比例四率也」

구와 고를 서로 곱한 그 반은 구고적(직각삼각형의 면적)이다.

구고형은 장방형(직사각형)의 반이다.

크고 작은 두 개의 구고형(직각삼각형)은 동식(비례닮음)이라 한다.

구고현의 비가 같으면 즉 장활 형식(길이와 너비의 비)이 반드시 같으므로 동식이라 한다.

가령 구가 3, 고가 4, 현이 5인 것은 소형 (작은 것)이고, 구가 6, 고가 8, 현이 10인 것은 대형 (큰 것)으로 동식이 된다.[160)]

즉 대구 소고를 서로 곱한 적과 소구 대고를 서로 곱한 적은 같다.[161)]

대구 소현을 서로 곱한 적과 소구 대현을 서로 곱한 적은 역시 같다.[162)]

대고 소현을 서로 곱한 적과 소고 대현을 서로 곱한 적은 역시 같다.[163)] [164)]

---

160) 소형은 구: 고: 현 $=3:4:5$이고, 대형은 구 : 고 : 현 $=6:8:10$으로 닮음비가 2로서 동식이다

161) $Ab=aB$

162) $Ac=aC$

163) $Bc=bC$

164) 즉 $\frac{b}{a}=\frac{B}{A}$, $\frac{a}{c}=\frac{A}{C}$, $\frac{c}{b}=\frac{C}{B}$ 이므로 $a:b:c=A:B:C$이다. 그림 (13)

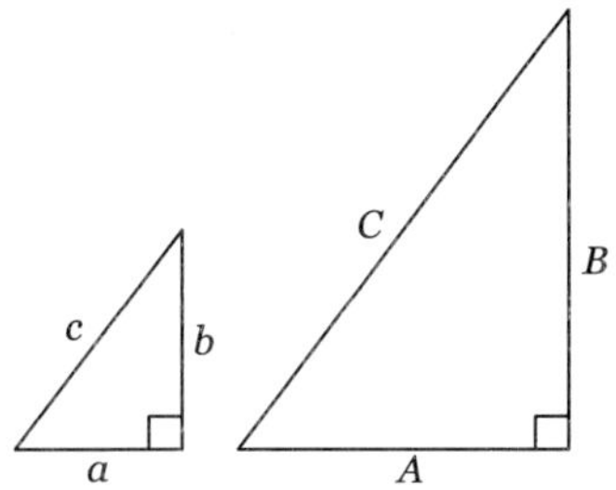

그림 (13)

닮음비(분수)는 이미 같으므로 크고 작은 것을 서로 곱하면 그 적은 반드시 같아서 이에 곧 비례 4율에 해당된다.

「勾股積倍之爲勾股和與內容正方邊相乘積且餘勾餘股相乘爲內容正方冪或長方積

如圖 그림 (14) 甲乙丙勾股形容戊己乙丁正方形乃將甲乙股依乙丙勾引長至庚又作庚壬勾甲壬弦成甲庚壬勾股形與甲乙丙原形爲同式則丙辛庚乙正方形爲其內容而其邊卽原形之勾也甲庚卽原形之勾股和也故甲庚與乙丙之比同於甲乙與丁戊之比而甲乙乙丙相乘長方積卽勾股積之倍也且甲丁戊戊丙己兩勾股形皆與原形爲同式故甲丁餘股與中勾丁戊之比同於小股戊己與丙己餘勾之比而成連比例三率也若長方形則中勾與小股不等故成相當比例四率也」

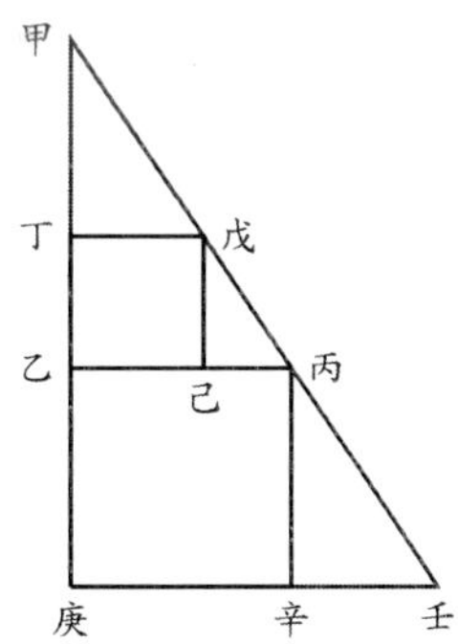

그림 (14)

구고적의 배는 구와 고의 합과 더불어 그 안에 포함된 정방변을 서로 곱한 적이다.[165)]

또 여구 여고를 서로 곱하면 그 안에서의 정방멱 혹은 장방적이 된다.[166]

그림 (14)에서와 같이 갑을병 구고형에서 무기을정 정방형을 포함하여 이에 곧 갑을 고를 을병 구만큼 경까지 길이를 늘인다.

또 경임을 구, 갑임을 현으로 만들어 갑경임 구고형으로 하면 원형과 동식이 된다.

병신경을 정방형은 그 안에 있고 (갑경임 구고형 안에) 그 변은 즉 원형의 구이다.

갑경 즉 원형의 구와 고의 합이므로 갑경과 을병의 비는 갑을과 정무의 비와 같다.

그리고 갑을과 을병을 서로 곱하면 장방적이며 즉 구고적의 배이다.

또한 갑정무와 무병기 두 구고형은 모두다 원형과 동식이 된다.

그러므로 갑정 여고(갑정 = 갑을 - 정을)와 중구인 정무의 비는 소고인 무기와 병기 여구의 비와 같다.

이로써 연비례 3율이 성립한다.

만약 장방형이면 즉 중구와 소고가 같지 않으므로 비례 4율에 해당된다.[167]

---

165) 구$=a$, 고 $=b$라 두면, 구고적의 배$=2\times\dfrac{ab}{2}=(a+b)\times c$, $c=\dfrac{ab}{a+b}$, 정방변$=c$

166) 여구$=a-c$, 여고$=b-c$, $(a-c)\times(b-c)=c^2$

167) 갑을병 구고형에서 갑을은 고$=b$, 을병은 구$=a$, 갑병은 현이라 한다.
갑을 : 을병$=a+b:a$이고, 갑을 : 정무$=b:c$이고,

$(a+b):a=b:c \Rightarrow ab=c(a+b) \Rightarrow c=\dfrac{ab}{a+b}$

갑정(갑정 여고) : 정무(중구)=무기(소고) :병기(병기 여구) $\Rightarrow$
$(b-c):c=c:(a-c)$

$c^2=(a-c)(b-c)=ab-c(a+b)+c^2,\ \therefore\ c=\dfrac{ab}{a+b}$

問十七-一

今有勾三尺股四尺弦五尺問中垂線及大小分底及內函圓各幾何

答曰中垂線二尺四寸大分底三尺二寸小分底一尺八寸內函圓徑二尺

「法以勾股相乘積十二尺爲實以弦爲法除之得中垂線

自直角抵弦作直線分作兩形而兩傍俱成直角謂之中垂線

股冪十六尺爲實以弦爲法除之得大分底勾冪九尺爲實以弦爲法除之得小分底

如圖甲乙丙勾股形面積倍之得戊丙乙己長方面以乙丙弦除之得甲丁中垂線也且甲丁乙甲丁丙兩勾股形與甲乙丙原形爲同式而中垂線爲甲丁丙形之勾亦爲甲丁乙形之股而原形之甲丙股爲甲丁丙形之弦甲乙勾爲甲丁乙形之弦故以小弦甲乙與大勾甲乙相乘爲實以大弦除之得丁乙小勾卽小分底也中弦甲丙與大股甲丙相乘爲實以大弦除之得丙丁中股卽大分底也

以弦和較爲內函圓徑 그림 (15)

如圖甲乙丙勾股形之勾股弦各作垂線會於內函圓心如庚戊庚丁庚己皆爲半徑而乙戊與庚丁等丁乙與庚戊等併之爲全徑且甲己與甲丁等己丙與戊丙等故內函圓全徑爲甲乙乙丙勾股和內減甲丙弦之較也」그림 (16)

3율의 예 $a:b=c:(b-c)=(a-c):c$ 즉 $a:b:c$ 이다.
4율의 예 $a:b=c:(b-d)=(a-c):d$ 즉 $a:b:c:d$ 이다. $(c\neq d)$

문제 17.1

지금 구 3척, 고 4척, 현 5척인 구고형에서 중수선과 대소의 분저 및 내접원의 지름은 각 얼마인가?

답 중선은 2척4촌, 대분저 3척2촌, 소분저 1척8촌, 내접원의 지름은 2척이다.

법칙은 구와 고를 곱한 적 12척을 실수로 하고 현을 법수로 하여 그것을 나누면 중수선을 얻는다. 직각에서 현에 이르는 직선분을 만들어 두 개의 (구고)형으로 하고, 두 개의 인접한 것이 직각을 이루면 그것을 중수선이라고 말한다. 고를 제곱한 16척을 실수로 하고 현을 법수로 하여 그것를 나누면 대분저를 얻고, 구를 제곱한 9척을 실수로 하고 현을 법수로 하여 그것을 나누면 소분저를 얻는다.

그림 (15)에서처럼 갑을병 구고형의 면적의 배는 무병을기 장방면을 얻는다. 을병 현으로 그것을 나누면 갑정 중수선을 얻는다. 또 갑정을과 갑정병의 두 구고형과 더불어 갑을병 원형은 동식(닮은 꼴)이니 중수선은 갑정병의 구가 되고 역시 갑정을의 고가 된다. 원형에서의 갑병 고는 갑정병 형에서 현이 되고 갑을 구는 갑정을 형의 현이 되므로 소현 갑을과 대구 갑을을 서로 곱하여 실수로 삼아 대현으로 나누면 정을 소구를 얻는데 즉 소분저이다.

중현 갑병과 대고 갑병을 서로 곱하여 실수로 삼아 대현으로 나누면 병정 중고를 얻는데 즉 대분저이다.

현화교로서 내합원(내접원)의 지름으로 한다.

그림 (16)에서처럼 갑을병 구고형의 구, 고, 현 각각에서 수선을 그으면 내합원의 심(내심)에서 만난다. 경무, 경정, 경기는 모두다 반경(반지름)이 되고 을무와 경정은 같다. 정을과 경무는 같으며 그것을 더하면 지름이 된다. 또 갑기와 갑정은 같고, 기병과 무병은 같으므로 내합원(내접원)의 전경(지름)은 갑을을병의 구와 고의합 안에서 갑병 현을 뺀 차이다.[168]

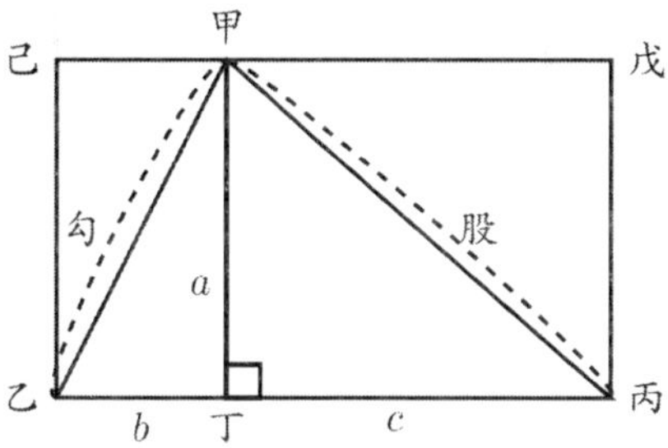

그림 (15)

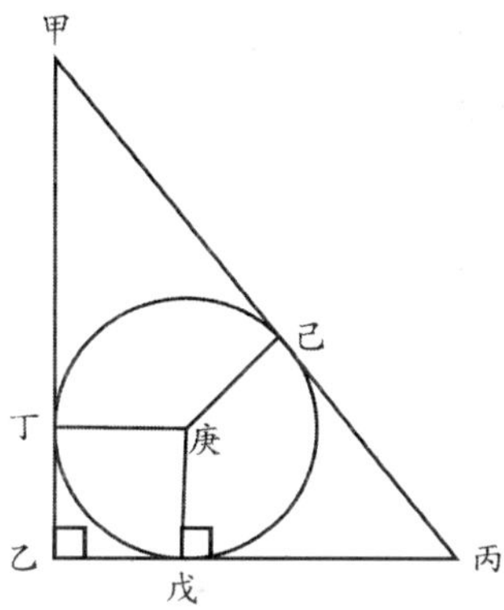

그림 (16)

168) a : 중수선, b : 소분저, c : 대분저라 두면,

$\frac{\text{고}^2}{\text{현}}=$ 대분저 $\quad \frac{4^2}{5}=c=3.2$

$\frac{\text{구}^2}{\text{현}}=$ 소분저 $\quad \frac{3^2}{5}=b=1.8$

$\frac{\text{고}}{\text{구}}=\frac{c}{a}=\frac{a}{b} \quad a^2=bc \quad b+c$: 현

△갑을병 ∽ △갑정병 ∽ △갑정을이므로

△갑을병의 중수선 a = △갑정병의 구 = △갑정을의 고

경무 = 경정 = 경기 = 반경

갑정 = 갑기, 무병 = 기병

갑정을 + 을무병 − 갑기병 =

현화교 = 구 + 고 − 현 = 내접원의지름

問十七-二

今有勾八尺股十五尺問弦幾何

答曰十七尺

「法以勾冪六十四尺股冪二百二十五尺相併得二百八十九尺爲實開平方得弦

弦爲大小分底之和則弦與大分底相乘積及弦與小分底相乘積共爲弦冪而勾冪卽弦與小分底相乘積股冪卽弦與大分底相乘積故併之爲弦冪也」

문제 17.2

지금 구가 8척 고가 15척이면 현은 얼마인가?

답 17척이다.

법칙은 구를 제곱하면 64척이고 고를 제곱하면 225척으로 서로 더하면 289척을 얻어 실수로 삼아 개평방하면(즉 제곱근을 구하면) 현을 얻는다.

현은 대소분저의 합인 즉 현과 대분저를 서로 곱한 적과 현과 소분저를 서로 곱한 적을 더하면 현의 제곱이 된다. 구의 제곱 즉 현과 소분저를 서로 곱한 적이고 고의 제곱 즉 현과 대분저를 서로 곱한 적이므로 그것을 서로 더하면 현의 제곱이 된다.[169)]

---

169) $구^2+고^2=현^2$이므로 $8^2+15^2=64+225=289=17^2$

問十七-三

今有勾股積三十尺勾股較七尺問勾股弦各若干

答曰勾五尺股十二尺弦十三尺

「法以勾股積四之併勾股較羃得一百六十九尺開平方得弦又置弦羃併四倍勾股積得二百八十九尺開平方得勾股和與勾股較相併折半爲股相減折半爲勾

如圖甲乙爲股甲丙爲勾丙乙爲弦甲庚爲勾股和壬癸爲勾股較丙癸乙丙壬戊戊子辛辛丑乙四段勾股積加壬癸子丑勾股較羃成丙乙辛戊弦羃也又加甲丙乙乙庚辛辛己戊戊丁丙四段勾股積成甲庚己丁勾股和羃也)」 그림 (17)

문제 17.3

지금 구고적이 30척이고 구와 고의 차가 7척이면 구, 고, 현은 각 얼마인가?

답 구는 5척, 고는 12척, 현은 13척이다.

법칙은 구고적을 4배하고 구와 고의 차를 제곱하여 더하면 169척을 얻는데 개평방으로 현을 얻는다. 또 현의 제곱과 구고적의 4배를 더하면 289척을 얻어 개평방하면 구와 고의 합을 얻고 구와 고의 차를 서로 더한 절반은 고가 되고 서로 감한 절반은 구가 된다.

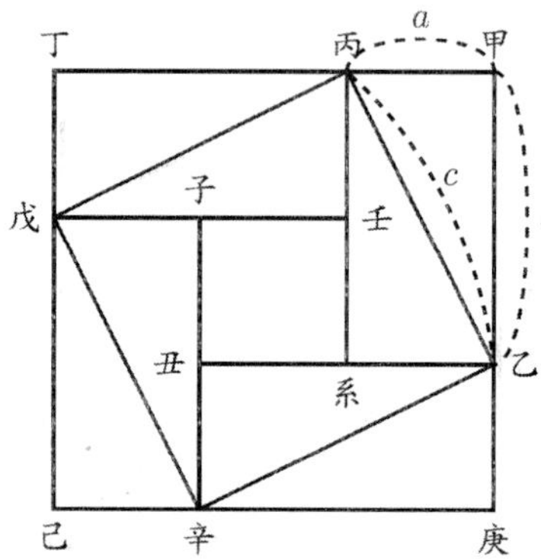

그림 (17)

그림 (17)에서와 같이 갑을을 고라 하고, 갑병을 구라 하고, 병을을 현으로 하면 갑경은 구와 고의 합이 되고, 임계는 구와 고의 차가 되고, 병계을, 병임무, 무자신, 신축을 구고적의 4단에 임계자축 구와 고의 차의 제곱을 더하면 병을신무인 현의 제곱이다. 또 갑병을, 을경신, 신기무, 무병정 구고적의 4단을 더하면 갑경기정인 구와 고의 합의 제곱이다.[170)]

---

170) 구a, 고b, 현c라 하면,

$\frac{1}{2}ab=30$, $b-a=7$일 때 c를 구하면 다음과 같다.

$b=7+a$이고, $a(7+a)=60$ $a^2+7a-60=0$

$(a-5)(a+12)=0, a=5$이다. 따라서 $b=12, c=\sqrt{5^2+12^2}=13$이다.

$$4\times\frac{ab}{2}+(a-b)^2=a^2+b^2=c^2$$

$$c^2+4\times\frac{ab}{2}=a^2+b^2+2ab=(a+b)^2$$

$$\frac{(a+b)+(b-a)}{2}=b \qquad \frac{(a+b)-(b-a)}{2}=a$$

問十七-四

今有勾弦和四十九尺股弦和七十二尺問勾股弦各幾何

答曰勾十二尺股三十五尺弦三十七尺

「法以勾弦和股弦和相乘倍之得七千五十六尺開平方得八十四尺爲弦和和內減勾弦和爲股減股弦和爲勾以勾減勾弦和爲弦

如圖甲丙爲弦與甲乙等丙己爲股與戊庚等己丁爲勾與乙戊等甲丁癸庚爲弦和和冪內甲己巳戊爲勾弦和股弦和相乘積而其餘庚癸丁己巳戊磬折形之庚辛辰戊形與寅卯己丙形同爲股弦相乘積卯丑丁己形與戊辰寅乙形同爲勾弦相乘積壬癸子巳形與辰巳卯寅形同爲勾股相乘積辛壬巳辰股冪巳子丑卯勾冪共積與乙寅丙甲弦冪等故亦爲勾弦和股弦和相乘積居弦和和冪之半也」 그림 (18)

문제 17.4

지금 구와 현의 합이 49척이고 고와 현의 합이 72척이면 구, 고, 현은 각 얼마인가?

답 구는 12척, 고는 35척, 현은 37척이다.

법칙은 구와 현의 합과 고와 현의 합을 서로 곱하여 배로 하면 7056척을 얻고 개평방하면 84척을 얻으니 현화화가 되고 안에서 구와 현의 합을 감하면 고가 되고 고와 현의 합을 감하면 구가 되고 구와 현의 합에서 구를 감하면 현이 된다.[171]

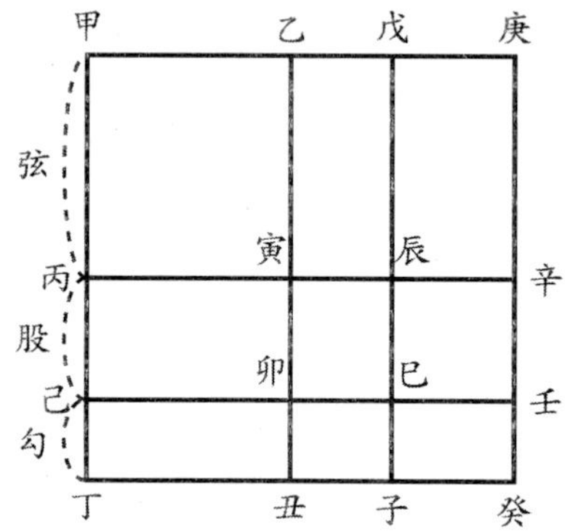

그림 (18)

그림 (18)과 같이 갑병을 현으로 하여 갑을을 같게 하고 병기는 고로 하여 무경을 같게 하고 기정을 구로 하여 을무와 같게 한다. 갑정계경은 현화화(구+고+현)의 제곱이 되고 안에 있는 갑기사무는 구와 현의 합과 고와 현의 합을 서로 곱한 적이고 그 나머지 경계정기사무의 경절형에서 경신진무형과 인묘기병형은 같으므로 고와 현을 서로 곱한 적이고, 묘축정기형과 무진인을형은 같으므로 구와 현을 서로 곱한 적이며, 임계자사형과 진사묘인형은 같으므로 구와 고의 서로 곱한 적이다. 신임사진은 고의 제곱, 사자축묘는 구의 제곱으로 그 공적(그 더한 적)과 을인병갑인 현의 제곱과 같으므로 역시 구와 현의 합과 고와 현의 합을 서로 곱한 적은 현화화의 제곱의 반에 해당된다.[172]

---

171) 구a, 고b, 현c라 하면, $a+c=49$, $b+c=72$에서

$2(a+c)(b+c)=2\times49\times72=7056=84^2$

$2(ab+bc+ac)+2c^2=2(ab+bc+ac)+a^2+b^2+c^2=(a+b+c)^2=84^2$

$a+b+c=84$현화화

$a+b+c-(a+c)=b$, $(a+b+c)-(b+c)=a$, $(a+c)-a=c$

問十七-五

今有勾弦較三十六尺股弦較二尺問勾股弦各幾何

答曰勾十四尺股四十八尺弦五十尺

「法以勾弦較股弦較相乘倍之得一百四十四尺開平方得十二尺爲弦和較加勾弦較爲股仍加股弦較爲弦弦內減勾弦較爲勾

如圖甲丙戊庚弦冪內去甲乙癸辛股冪餘乙丙戊庚辛癸磬折形與丁戊己壬勾冪等然則丙丁子乙勾弦較股弦較相乘積與丑己庚辛勾弦較股弦較相乘積併之爲子癸丑壬弦和較冪故弦和較冪爲勾弦較股弦較相乘積之二倍」그림 (19)

문제 17.5

지금 구와 현의 차가 36척이고, 고와 현의 차가 2척이면 구, 고, 현은 각 얼마인가?

답 구 14척, 고 48척, 현 50척이다.

법칙은 구와 현의 차와 고와 현의 차를 서로 곱하여 배로 하면 144척을 얻고 개평방하면 12척을 얻어 현화교가 되고 구와 현의 차를 더하면 고가 되고 현 안에서 구와 현의 차를 더하면 현이 되고 현 안에서 구와 현의 차를 감하면 구가 된다.[173]

---

172) 경절형의 면적 $=(\text{구}+\text{현})(\text{고}+\text{현})=\dfrac{(\text{구}+\text{고}+\text{현})^2}{2}$

173) 구 a, 고 b, 현 c 라하면, $c-a=36$, $c-b=2$

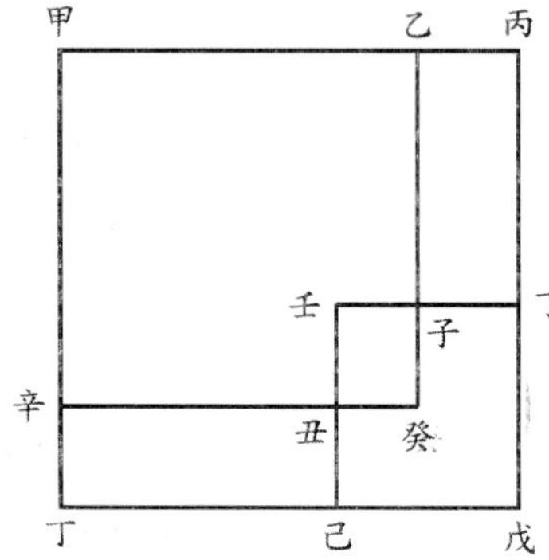

그림 (19)

그림 (19)에서와 같이 갑병무경은 현의 제곱이고 그 안에서 갑을계신인 고의 제곱을 빼면 나머지 을병무경신계의 경절형과 정무기임인 구의 제곱과 같다고 보면 병정자을은 구와 현의 차와 고와 현의 차를 서로 곱한 적이고 더불어 축기경신은 구와 현의 차와 고와 현의 차를 서로 곱한 적으로 서로 더하면 자계축임의 현화교의 제곱이므로, 현화교의 제곱은 구와 현의 차와 고와 현의 차를 곱한 적의 2배가 된다.[174)]

$2(c-a)(c-b)=2\times36\times2=144=12^2$
$a+b-c=12$
$(a+b-c)+(c-a)=b=12+36=48$
$b+(c-b)c=48+2=50$
$c-(c-a)=a=50-36=14$

174) 갑병무경 $=c^2$, 갑을계신 $=b^2$, 을병무경신계(경절형) $=c^2-b^2$
정무기임 $=a^2$, $c^2-b^2=a^2$
병정자을 $=(c-a)(c-b)$와 축기경신 $=(c-a)(c-b)$를 더하면
자계축임 $=(a+b-c)^2$
즉, $(a+b-c)^2=2(c-a)(c-b)$

問十七-六

今有股七尺勾弦較五尺問勾弦各若干

答曰勾二尺四寸弦七尺四寸

「法以股冪四十九尺爲實以勾弦較爲法除之得九尺八寸爲勾弦和與勾弦較相加折半爲弦相減折半爲勾

凡二數之和較相乘積卽爲兩冪之較如圖甲丙戊己大方面內減甲乙辛庚小方面餘丙戊壬乙長方面以乙丙較爲闊丙戊大邊爲長辛壬己庚長方面以己庚較爲闊壬己小邊爲長二長方面倂之爲和較相乘積也今股冪原爲勾冪弦冪之較故爲勾弦和勾弦較相乘積勾冪[175]與股弦較設問者亦同」 그림 (20)

문제 17.6

지금 고가 7척이고, 구와 현의 차가 5척이면 구와 현은 각 얼마인가?

답 구 2척4촌, 현 7척4촌이다.

법칙은 고를 제곱하여 49척을 실수로 삼고 구와 현의 차를 법수로 삼아 그것을 나누면 9척8촌을 얻으니 구와 현의 합이고 더불어 구와 현의 차를 서로 더한 그 절반은 현이 되고 서로 감한 그 절반은 구이다. 대체로 두 수의 합과 차를 서로 곱한 적은 즉 두 수의 제곱의 차이다.[176]

---

175) 冪은 誤字로 빼어야 함.

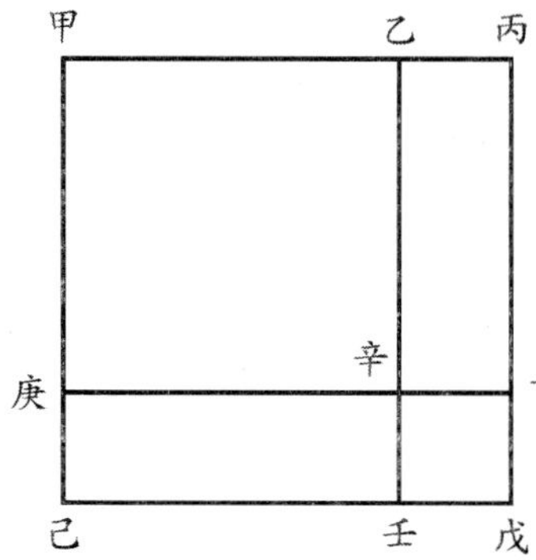

그림 (20)

그림 (20)에서와 같이 갑병무기의 큰 정사각형 안에서 갑을신경의 작은 정사각형을 감하면 나머지가 병무임을 직사각형 즉 을병의 차를 너비로서 병무의 큰 변을 길이로 하는 직사각형과 신임기경의 직사각형 즉 기경의 차를 너비, 임기의 작은 변을 길이로 하는 직사각형을 서로 더하면 합과 차의 서로 곱한 적이 된다. 지금 원래 고의 제곱은 구의 제곱과 현의 제곱의 차이므로 구와 현의 합과 구와 현의 차를 서로 곱한 적이 되고 구와 고와 현의 차로 묻는 문제는 역시 같다. (즉 본문에 제시한 문제와 형식이 같다는 뜻이다.)[177]

---

176) 구a, 고b, 현c라 두면, $b=7$, $c-a=5$일 때, 구와 현을 구하면 다음과 같다.

$$\frac{b^2}{c-a}=c+a \qquad b^2=(c-a)(c+a)=c^2-a^2$$

$$\frac{(c+a)+(c-a)}{2}=c,\ \frac{9.8+5}{2}=7.4$$

$$\frac{(c+a)-(c-a)}{2}=a,\ \frac{9.8-5}{2}=2.4$$

177) $c^2-b^2=(c-b)c+(c-b)b=(c+b)(c-b)$

問十七-七

今有勾股積三百三十尺弦和較十尺問勾股弦各若干

答曰勾十一尺股六十尺弦六十一尺

「法以勾股積四之爲實以弦和較爲法除之得一百三十二尺爲弦和和與弦和較相減折半爲弦相加折半爲和仍用有勾股積勾股和法

見上勾股積勾股較設問得勾及股兩冪之較爲和較相乘積而四倍勾股積原爲和冪弦冪之較故爲弦和和弦和較相乘積也又爲弦冪較冪之較故爲弦較和弦較較相乘積以勾股積弦較較設問者亦用此法」

문제 17.7

지금 구와 고의 적(구고형의 면적 즉 직각삼각형의 면적)이 330척, 현화교가 10척이면 구, 고, 현은 각 얼마인가?

답 구 11척, 고 60척, 현 61척이다.

법칙은 구와 고의 적을 4배 하여 실수로 하고, 현화교를 법수로 하여 그것을 나누면 132척으로 현화화가 되고 더불어 현화교를 서로 감한 절반은 현이 되고, 서로 더한 절반은 합(구와 고)이 된다. 이에 주어진 구와 고의 적과 구와 고의 합을 이용하는 방법이다.[178)]

178) 구a, 고b, 현c라고 하면,

$$\frac{ab}{2}=330 \quad a+b-c=10$$

위에서 보는 것처럼 구와 고의 적과 구와 고의 합의 문제를 풀면 구와 고를 얻는다.[179]

두 제곱의 차는 합과 차를 서로 곱한 적이고 원래의 구와 고의 적의 4배는 합의 제곱과 현의 제곱의 차이므로 현화화와 현화교를 서로 곱한 적이다. 또 현의 제곱과 차의 제곱의 차는 현교화와 현교교를 서로 곱한 적이므로 구와 고의 적과 현교교로 묻는 문제는 역시 같은 법으로 한다.[180]

問十七-八

今有弦和和九十尺勾冪及勾弦相乘積共數爲四百五十尺問勾股弦各若干

答曰勾九尺股四十尺弦四十一尺

$$\frac{4\frac{ab}{2}}{a+b-c}=a+b+c \quad (a+b)^2-c^2=2ab$$

$$\frac{1320}{10}=132 \quad \frac{132+10}{2}=71=a+b \quad \frac{132-10}{2}=61=c$$

179) 구 a, 고 b, 현 c 라하면 , $\frac{(a+b+c)-(a+b-c)}{2}=c$

$$\frac{(a+b+c)+(a+b-c)}{2}=a+b$$

$$a+b=71,\ ab=660 \Rightarrow a=11,\ b=60$$

180) $b^2-a^2=(b+a)(b-a)$

$$(a+b)^2-c^2=(a+b+c)(a+b-c)=4\frac{ab}{2}$$

$$c^2-(b-a)^2=(c-b+a)(c+b-a)=2ab$$

$$(a+b)^2-c^2=2ab$$

「法以共數倍之得九百尺爲實以弦和和爲法除之得十尺爲弦較較與弦和和相減折半爲股相加折半爲勾弦和仍以除共數得勾仍減勾弦和得弦

弦和和卽勾弦和多一股也弦較較卽勾弦和少一股也相乘積爲勾弦和冪內少股冪卽勾乘勾弦和積之二倍若共數爲股冪及股弦相乘積之倍[181] 則以弦和和除得弦弦較和與弦和和相減折半爲勾相加折半爲股弦和弦和和卽股弦和多一勾也弦較和卽股弦和少一勾也相乘積爲股弦和冪內少勾冪卽股乘股弦和積之二倍」

문제 17.8

지금 현화화가 90척이고, 구의 제곱과 구와 현의 서로 곱한 것을 더한 수(공수)가 450척이면 구, 고, 현은 각 얼마인가?

답 구 9척, 고 40척, 현 41척이다.

법칙은 더한 수(공수)를 배하여 900척을 얻어 실수로 하고 현화화를 법수로 하여 나누면 10척을 얻어 현교교가 되고 더불어 현화화와 서로 감한 절반은 고가 되고 서로 더한 절반은 구와 현의 합이 된다. 이에 공수에서 제하면 구를 얻고 이에 구와 현의 합에서 구를 감하면 현을 얻는다.

현화화 즉 구와 현의 합보다 1고가 많다는 것이다.

현교교 즉 구와 현의 합보다 1고가 적다는 것이다.

서로 곱한 적은 구와 현의 합의 제곱 안에서 고의 제곱만큼 적어진다. 즉 구에 구와 현의 합의 곱한 것의 2배이다.

181) 본문에는 之倍가 없으나 계산상 之倍가 필요하여 삽입함

가령 공수가 고의 제곱과 고와 현을 서로 곱한 것의 합의 2배라면 현화화로써 나누면 현교화를 얻고 더불어 현화화를 서로 감한 절반은 구가 되고 서로 더한 절반은 고와 현의 합이 된다.

현화화 즉 고와 현의 합보다 1구가 많다는 것이다.

현교화 즉 구와 현의 합보다 1구가 적다는 것이다.

서로 곱한 적은 고와 현의 제곱 안에서 구의 제곱보다 적은 것으로 즉 고에 고와 현의 합을 곱한 것의 2배가 된다.[182]

---

182) 구a, 고b, 현c일 때,

현화화$a+b+c=90$ $a^2+ac=450$이면, a, b, c는 각각 얼마인가?

$$2(a^2+ac)=a^2+a^2+2ac=a^2+c^2-b^2+2ac$$

$$=(a+c)^2-b^2=(a+c+b)(a+c-b)=\text{현화화}\times\text{현교교}$$

$$\frac{2(a^2+ac)}{a+b+c}=a+c-b$$

$$\frac{(a+b+c)-(a+c-b)}{2}=b=\text{고}$$

$$\frac{(a+b+c)+(a+c-b)}{2}=a+c=\text{구}+\text{현}$$

$$\frac{a^2+ac}{a+c}=\frac{a(a+c)}{a+c}=a=\text{구}$$

$$(a+c)-a=c=\text{현}$$

$a+c+b$: 현화화 $a+c-b$: 현교교

$$(a+c+b)(a+c-b)=(a+c)^2-b^2=2a(a+c)$$

$$2(b^2+bc)=b^2+b^2+2bc$$

$$=b^2+c^2-a^2+2bc=(b+c)^2-a^2=(b+c+a)(b+c-a)$$

$$\frac{(b+c+a)(b+c-a)}{b+c+a}=b+c-a$$

$$\frac{(b+c+a)-(b+c-a)}{2}=a$$

$$\frac{(b+c+a)+(b+c-a)}{2}=b+c$$

$$2b(b+c)=(b+c)^2-a^2$$

問十七-九

今有弦和較十二尺勾乘勾弦較積爲一百八十尺問勾股弦各若干

答曰勾二十尺股二十一尺弦二十九尺

「法以勾乘勾弦較積倍之得三百六十尺爲實以弦和較爲法除之得三十尺爲弦較和與弦和較相加折半爲股相減折半爲勾弦較仍以除積得勾仍加勾弦較爲弦

弦和較卽股去勾弦較也弦較和卽股及勾弦較也相乘積爲股冪內少勾弦較冪而股冪卽勾弦和勾弦較相乘積故去勾弦較冪爲勾乘勾弦較積之二倍

若積爲股乘股弦較則以弦和較除得弦較較與弦和較相減折半爲股弦較相加折半爲勾弦和較卽勾去股弦較也弦較較卽勾及股弦較也相乘積爲勾冪內少股弦較冪而勾冪卽股弦和股弦較相乘積故去股弦較冪爲股乘股弦較積之二倍」

문제 17.9

지금 현화교가 12척이고 구에 구와 현의 차를 곱한 것이 180척이면 구, 고, 현은 각 얼마인가?

답 구 20척, 고 21척, 현 29척이다.

법칙은 구에 구와 현의 차를 곱한 것을 2배 하면 360척을 얻으니 실수로 하고 현화교를 법수로 하여 나누면 30척을 얻으니 현교화가 된다. 더불어 현화교와 서로 더한 절반은 고가 되고 서로 감한 절반은 구와 현의 차가 된다. 이에 적을 나누면 구가 되고 이에 구와 현의 차를 더하면 현이 된다. 현화교 즉 고에서 구와 현의 차를 뺀 것이다. 현화교 즉 고와 구와 현의 차의 합이다. 서로 곱한 적은 고의 제곱 안에서 구와 현의 차의 제곱보다 적은 것이 된다. 고의 제곱은 즉 구와 현의 합과 구와 현의 차를 서로 곱한 적이므로 구와 현의 차의 제곱을 빼면 구와 구와 현의 차를 곱한 적의 2배가 된다.

가령 적이 고에 고와 현의 차를 곱한 것의 2배이면 이에 현화교를 나누면 현교교를 얻게 되고 더불어 현화교를 서로 감한 절반은 고와 현의 차가 되고 서로 더한 절반은 구가 된다.

현화교 즉 구에서 고와 현의 차를 뺀 것이다. 현교교 즉 구와 고와 현의 차를 더한 것이다.

서로 곱한 적은 구의 제곱 안에서 고와 현의 차의 제곱보다 적은 것이다.

구의 제곱 즉 고와 현의 합과 고와 현의 차를 서로 곱한 것이므로 고와 현의 제곱을 빼면 고에 고와 현의 차를 곱한 것의 2배가 된다.[183]

---

183) 구a, 고b, 현c 라 두면

현화교$a+b-c=12$ $a(c-a)=180$일 때 a, b, c는 얼마인가?

$2a(c-a)=2ac-2a^2$

$\frac{2ac-2a^2}{a+b-c}=-a+b+c$

$2ac-a^2-(c^2-b^2)=b^2-(c-a)^2$

$=(b+c-a)(b-c+a)=$ 현교화 $\times$ 현화교

$\frac{(b+c-a)+(b-c+a)}{2}=b$

$\frac{(b+c-a)-(b-c+a)}{2}=c-a$

$\frac{a(c-a)}{c-a}=a$

$a+(c-a)=c$

問十七-十

今有勾股積一千五百六十尺勾弦較五十尺問勾股弦各若干

答曰勾三十九尺股八十尺弦八十九尺

「法以勾股積倍之自乘得九百七十三萬四千四百以勾弦較除之折半得九萬七千三百四十四爲實以勾弦較折半得二十五尺爲縱長廉開立方得三十九尺爲勾加較爲弦除倍積爲股勾股積倍之爲勾股相乘積自乘爲勾冪股冪相乘積以勾弦較除之得勾冪乘勾弦和積勾弦和卽兩勾一勾弦較之共數故折半得勾冪爲底面一勾半勾弦較之共數爲高之長方體爲實半勾弦較爲縱長廉開立方得勾也以股弦較設問者開立方得股其義仍同若有勾弦和則倍積自乘以勾弦和除之折半爲實以勾弦和折半爲縱長廉以

$b-(c-a)=b+a-c=$ 현화교

$b+(c-a)=b+c-a=$ 현교화

$[b-(c-a)][b+(c-a)]=b^2-(c-a)^2$

$b^2=(c+a)(c-a)=c^2-a^2$

$c^2-a^2-(c-a)^2=c^2-a^2-(c^2-2ac+a^2)=2a(c-a)$

$2b(c-b)=2bc-2b^2=2bc-b^2-b^2=2bc-b^2-(c^2-a^2)$

$=2bc-b^2-c^2+a^2=a^2-(b-c)^2=(a+b-c)(a-b+c)$

$=$ 현화교 $\times$ 현교교

$$\frac{-(a+b-c)+(a-b+c)}{2}=c-b$$

$$\frac{(a+b-c)+(a-b+c)}{2}=a$$

$a-(c-b)=a-c+b=$ 현화교

$a+(c-b)=a-b+c=$ 현교교

$a^2-(c-b)^2=(a-c+b)(a+c-b)$

$a^2=(b+c)(c-b)=c^2-b^2$

$c^2-b^2-(c-b)^2=c^2-b^2-c^2+2bc-b^2=2bc-2b^2=2b(c-b)$

一爲負隅開立方得勾以勾弦和除勾冪股冪相乘積得勾冪乘勾弦較積折半得勾冪爲底面半勾弦較爲高之扁方體爲實勾弦和折半得一勾半勾弦較之共數爲底邊及高之和用和數帶縱立方法得勾若有股弦和則開立方得股」

문제 17.10

지금 구고적이 1560척이고 구와 현의 차가 50척이면 구, 고, 현은 각 얼마인가?

답 구 39척, 고 80척, 현 89척이다.

법칙은 구고적의 배를 제곱하여 9734400을 얻어 구와 현의 차를 나눈 절반인 970344를 얻어 실수로 하고 구와 현의 차의 절반인 25척을 얻어 종장염으로 하여 개입방하면(세제곱근을 구하면) 39척을 얻어 구로 하고 차(구와 현의 차)를 더하면 현이 되고 배적을 나누면 고가 된다.

구와 고의 적의 배는 구와 고를 서로 곱한 것이 되고 제곱하면 구의 제곱과 고의 제곱을 서로 곱한 적이 된다. 구와 현의 차로서 나누면 구의 제곱과 구와 현의 합을 곱한 것을 얻는다. 구와 현의 합 즉 두 개의 구에서 한 개의 구와 현의 차를 더한 수이므로 (구의 제곱, 구와 현의 합의 곱)의 절반인 구의 제곱은 밑면이 되고 1구와 구와 현의 차의 반을 더한 수를 높이로 하는 장방체(직육면체)를 실수로 하고 구와 현의 차의 반을 종장염으로 하여 개입방하면(세제곱근을 구하면) 구를 얻는다. 고와 현의 차로서 문제를 낸다면 개입방으로 고를 얻게 되고 그 뜻은 이로써 같다.

만약 구와 현의 합이 있고 배적을 제곱하여 구와 현의 합으로 나눈 절반을 실수로 삼고 구와 현의 합의 절반을 종장염으로 삼으면 1이 부로서 우법수가 되고 개입방하면 구를 얻는다. 구와 현의 합으로 구의 제곱과 고의 제곱을 서로 곱한 것을 나누면 구의 제곱에 구와 현의 차를 곱한 것을 얻고 구의 제곱은 밑면이 되고 구와 현의 차의 반을 높이로 하는 편방체를 얻어 실수로 하고 구와 현의 합의 절반은 1구와 구와 현의 차의 반을 더하여 밑변과 높이의 합으로 삼아 화수대종입방법을 사용하면 구를 얻는다. 만약 고과 현의 합이 있으면 개입방으로 고를 얻는다.[184)]

---

184) $\frac{ab}{2}=1560$, $c-a=50$이면 a, b, c는 각 얼마인가?

$2\frac{ab}{2}=ab,\quad \frac{(ab)^2}{2(c-a)}=\frac{a^2b^2}{2(c-a)}\ =\frac{a^2(c^2-a^2)}{2(c-a)}=\frac{a^2(c+a)}{2}$

$\frac{a^2(c+a)}{2}-\left(\frac{c-a}{2}\right)a^2=a^3$

$a+c=2a+(c-a),\quad a^2\left(\frac{2a+(c-a)}{2}\right)=a^2\left(a+\frac{c-a}{2}\right),\ \frac{c-a}{2}$ 종장염법수

$\frac{a^2b^2}{2(c+a)}$ 실수, $\frac{c+a}{2}$ 종장염법수

$\frac{a^2b^2}{2(c+a)}-a^2(\frac{c+a}{2})=\frac{a^2(c+a)(c-a)}{2(c+a)}-\frac{a^2}{2}(c+a)$

$=\frac{a^2}{2}(c-a-c-a)=\frac{a^2}{2}(-2a)=-a^3$

$a^2(\frac{c-a}{2})$는 밑면$\times$높이$=$편방체

18 각면율(各面率)

「面之爲形成於方圓直線所成皆方之類曲線所成皆圓之類其以邊求積者總不離於勾股以積求邊者歸之正方而已」

면은 사각형과 원으로 이루어진다. 직선으로 이루어진 것은 모두 사각형으로 분류하고, 곡선으로 이루어진 것은 모두 원으로 분류하며, 변으로써 면적을 구할 때는 반드시 구고형(직각삼각형)으로 하고, 면적으로 변을 구하는 것은 정사각형으로 바꾸어 구한다.

問十八-一

設正方面對角斜線九十八尺問面積幾何

答曰四千八百二尺

法以斜線自乘折半爲面積

如圖甲乙丙丁正方面依丁乙對角斜線度作丁乙己戊大方面則其面積爲甲乙丙丁面之二倍蓋甲乙丙丁面內函甲乙丁等勾股形二段丁乙己戊面內函甲乙丁等勾股形四段則爲二倍無疑矣故折半得方面積若求邊線則以面積爲實開平方得六十九尺二寸九分餘實不盡古法從簡以方五斜

七立率也

若以方五斜七率求之斜線九十八尺則邊線當爲七十尺也

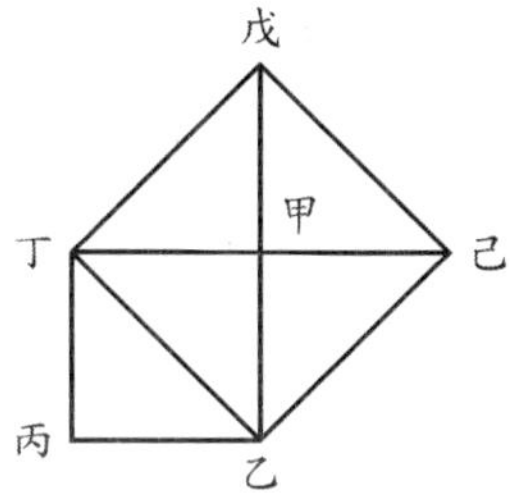

그림 (21)

문제 18.1

정사각형에서 대각선이 98척이면 면적은 얼마인가?

답 4802척이다.

법칙은 대각선을 제곱하여 반으로 하면 면적이 된다.1)

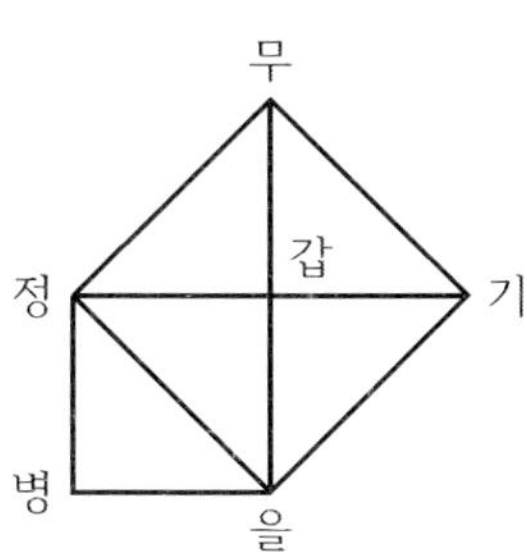

그림 (22)

1) 풀이 : 한 변의 길이를 x라 두면, $2x^2 = 98^2$이므로 면적 $x^2 = \frac{98^2}{2} = 4802$이다.

그림 (22)과 같이 정사각형 갑을병정에서 대각선 정을에 의해 정을기무의 큰 정사각형을 만들면 그 면적은 갑을병정 면적의 2배가 된다. 대개 갑을정을 포함한 갑을병정 면적은 구고형 2개와 같고, 갑을정을 포함한 정을기무 면적은 구고형 4개와 같은 즉, 2배임을 의심하지 않으므로 그 절반이 정사각형의 면적이다. 만약 변인 선을 구하려면 즉 면적을 실수로 하여 제곱근을 구하면 69척 2촌 9분을 얻고 나머지 실수가 떨어지지 않으므로 옛 방법에 따라 간단히 하면 한 변의 길이를 5, 대각선을 7로 하는 율이다. 가령, 한 변의 길이를 5, 대각선을 7로 하는 율로써 대각선이 98척이면 변인 선은 당연히 70척이 된다.

問十八-二

設三角形兩腰各五十尺底邊六十尺問面積幾何

答曰一千二百尺

法以底邊折半爲勾五十尺爲弦求得股四十尺爲中垂線仍與底邊相乘折半得面積

兩腰旣等故成相等之兩勾股形而求面積與勾股法同

문제 18.2

삼각형에서 양 옆변이 각 50척이고 밑변이 60척이면 면적은 얼마인가?

답 1200척이다.

법칙은 밑변의 절반을 구로 하고 50척을 현으로 하면 고 40척을 얻고, 중수선으로 삼아 이에, 밑변과 더불어 서로 곱하여 그 절반으로 면적을 얻는다.[2] 양 옆변이 이미 같으므로 서로 같은 두 직각삼각형이 되어, 면적을 구하는 것과 구고법은 같다.

問十八-三

設三角形大腰一百二十二尺小腰一百十二尺底邊一百五十尺問面積若干

答曰六千七百二十尺

法以大小腰各自乘相減得二千三百四十尺爲實以底邊爲法除之得底邊較十五尺六寸以減底邊餘一百三十四尺四寸折半爲勾小腰爲弦求得股八十九尺六寸仍與底邊相乘折半得面積

如圖甲乙丙三角形作甲丁垂線分爲兩勾股形大小腰各爲其弦而同以甲丁爲股則弦冪內所減股冪旣同故弦冪之較爲兩勾冪之較卽兩勾和與

2) $50^2-30^2=40^2, 60\times40\times\frac{1}{2}=1200$

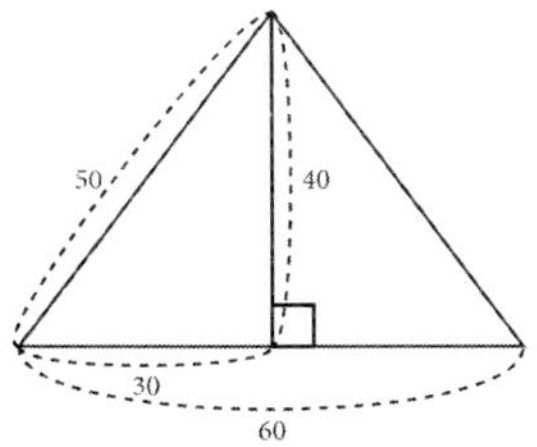

兩勾較相乘積也以乙丙兩勾和除之得乙戊兩勾較以減乙丙然後用兩腰上等三角形法

若以底邊除之所得大於底邊則爲底邊總內減底邊而求股及面積法並同

甲乙戊爲原形乙戊爲底邊甲丁爲形外垂線戊丙爲形外兩腰上等三角形之底邊也

문제 18.3

삼각형에서 큰 옆변이 122척, 작은 옆변이 112척, 밑변이 150척이면 면적은 얼마인가?

답 6720척이다.

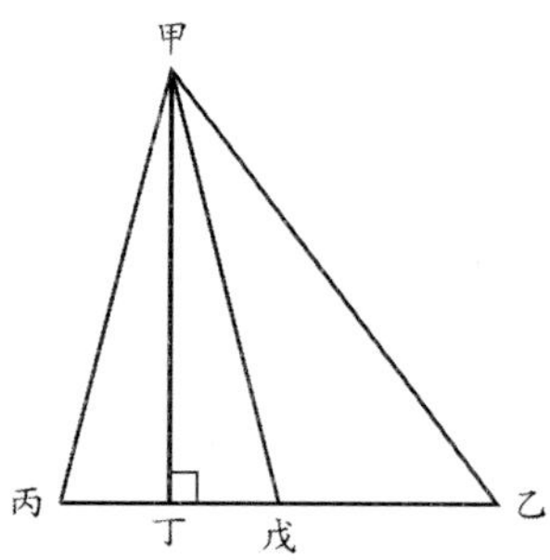

그림 (23)

법칙은 큰 옆변과 작은 옆변을 각 자승하여 감하면 2340척을 얻고 이것을 실수로 하여 법수 밑변을 나누면 밑변의 차 15척 6촌을 얻으니 밑변에서 감하면 나머지가 134척 4촌이고 그 절반을 구로 한다. 작은 옆변을 현으로 하여 구하면 고 89척 6촌을 얻어 이에 밑변을 곱하여 그 절반으로 면적을 얻는다.[3]

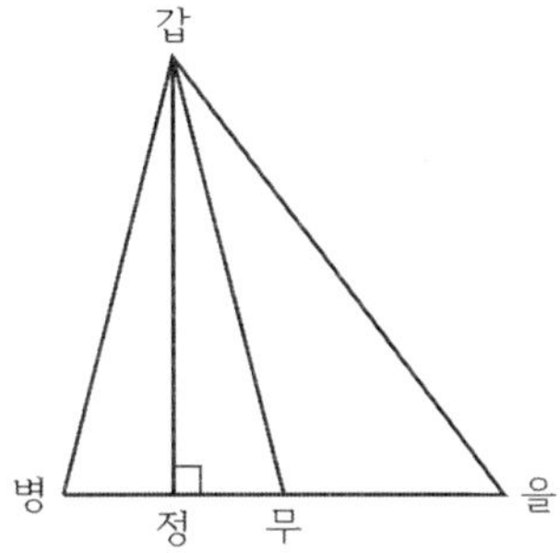

그림 (24)

그림 (24)와 같이 갑을병 삼각형에서 갑정 수선을 그어 두 개의 직각삼각형으로 나누어 큰 엷변과 작은 엷변은 각 그 삼각형의 현이 된다. 갑정은 고로 되며 같다.

현의 제곱에서 고의 제곱을 감한 것은 이미 같으므로 두 현의 제곱의 차는 두 구의 제곱의 차와 같다. 즉 두 구의 합과 두 구의 차를 서로 곱한 것이다.

을병인 두 구의 합으로 나누면 을무인 두 구의 차를 얻고 을병에서 감한 연후에 두 엷변이 같아 이등변삼각형법을 이용한다. 만약 밑변(병무)으로 나눈 것이 밑변(을무)보다 크면 밑변의 총합(을병)에서 밑변(병무)을 감한 것이다. 고 및 면적을 구하는 법은 역시 같다. 갑을무가 원형이므로 을무가 밑변이 되며 갑정은 밖에서 삼각형의 수선이 되고 병무는 갑을무 삼각형 밖에서 두 변이 같은 삼각형이 된다.

---

3) 풀이 : $122^2 - 112^2 = 2340$ … 실수
$2340 \div 150 = 15.6$
$(150 - 15.6) \div 2 = 67.2$ … 구
고 $= \sqrt{112^2 - 67.2^2} = 89.6$
$150 \times 89.6 \div 2 = 6720$

問十八-四

設如有三角形底邊十四尺中垂線十二尺大腰與小腰之較二尺問兩腰各若干

答曰大腰十五尺小腰十三尺

法以底邊自乘得一百九十六尺兩腰較自乘得四尺兩數相減餘一百九十二尺爲一率中垂線自乘四倍得五百七十六尺與底邊冪一百九十六尺

相加內減兩腰較冪四尺

餘七百六十八尺爲二率兩腰較冪四尺爲三率得四率十六尺爲底邊較冪開平方得底邊較四尺與底邊相減餘十尺折半爲勾中垂線十二尺

爲股求得弦爲小腰加較二尺爲大腰也

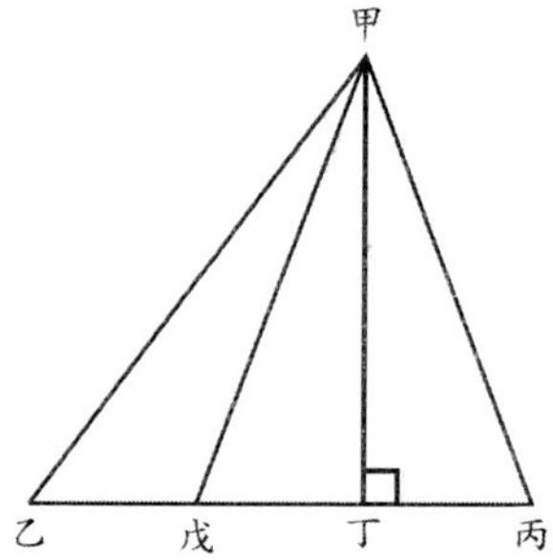

그림 (25)

如圖甲乙丙三角形分爲甲丁丙甲丁乙兩勾股形則甲丁中垂線爲兩形同用之股而底邊爲兩勾和以兩勾和自乘則內函大勾冪小勾冪各一段及大小勾相乘積二段而凡大小相乘積倍之比大冪小冪之和原少一較冪故底邊冪爲大勾冪小勾冪各二段內少兩勾較冪一段也加中垂線冪四段則

大小勾羃四段[4]各得股羃變爲大小弦羃各二段而仍少兩勾較羃一段也且大弦羃小弦羃各二段比兩弦和羃亦多兩弦較羃一段故仍減兩弦較羃則變爲兩弦和羃內少兩勾[5]較羃也今一率卽兩勾和羃內少兩弦較羃而二率卽兩弦和羃內少兩勾較羃故三率之兩弦較羃變爲四率之兩勾較羃也何則兩形旣同用一股則兩弦之和較相乘積必與兩勾之和較相乘積等然則兩勾和與兩弦較之比同於兩弦和與兩勾較之比而兩勾和羃內少兩弦較羃與兩弦和羃內少兩勾較羃之比亦必同於兩弦較羃與兩勾較羃之比也於是開方得乙戊兩勾較以減乙丙兩勾和得戊丙折半爲丁丙小勾與甲丁股求得弦卽甲丙小腰也」

문제 18.4

지금 삼각형의 밑변이 14척, 중수선이 12척, 큰 옆변과 작은 옆변의 차가 2척일 때 두 옆변은 얼마인가?

답 큰 옆변 15척, 작은 옆변 13척이다.

법칙은 밑변을 제곱하여 196척을 얻고 두 옆변의 차를 제곱하여 4척을 얻어 두 수를 서로 감하면 나머지 192척을 얻어 1율로 하고, 중수선의 제곱을 4배하여 576척을 얻고 더불어 밑변을 제곱한 196척을 서로 더하여 두 옆변의 차를 제곱한 4척을 감하면 나머지가 768척으로 2율로 한다. 두 옆변의 차를 제곱한 4척을 3율로 하고, 4율 16척을 얻어 밑변의 차의 제곱이 되어 제곱근을 구하면 밑변의 차 4

4) 2단(二段)의 誤記임

5) 현(弦)의 誤記임

척을 얻어 밑변을 서로 감하면 나머지 10척이 되고 절반이 구가 되며 중수선(12척)이 고가 되어 현을 얻어 구하는 작은 옆변이 되고 차 2척을 더하면 큰 옆변이 된다.

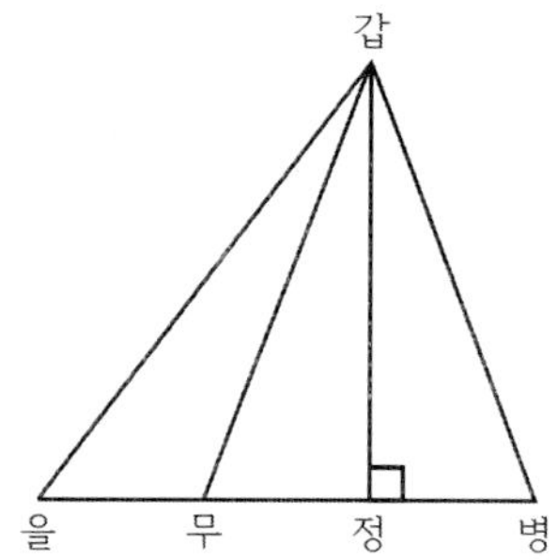

그림 (26)

그림 (26)과 같이 삼각형 갑을병을 갑정병과 갑정을의 두 구고형(직각삼각형)으로 나누면 갑정 중수선이 두 직각삼각형에서 같은 고(높이)이고 밑변은 두 구의 합이다. 두 구의 합의 제곱은 곧 포함되는 큰 구의 제곱과 작은 구의 제곱의 각각 1단과 큰 구와 작은 구를 서로 곱한 것의 2단이 된다.

대개 큰 구와 작은 구를 서로 곱한 것의 2배는 큰 구의 제곱과 작은 구의 제곱의 합에 비해 큰 구와 작은 구의 차의 제곱보다 작으므로 밑변의 제곱은 큰 구의 제곱과 작은 구의 제곱의 각각 2단에서 두 구의 차의 제곱의 1단보다 작다[6)]

---

6) 그림 (26)에서 을정을 x, 정병을 y라 두면,

$(x+y)^2 = x^2 + y^2 + 2xy$

$2xy = x^2 + y^2 - (x-y)^2$

$(x+y)^2 = 2x^2 + 2y^2 - (x-y)^2$

중수선의 제곱의 4단을 더하면 (두 구의 합의 제곱에) 즉 큰 구의 제곱과 작은 구의 제곱의 2단에 고의 제곱을 얻어 큰 현과 작은 현의 제곱의 각 2단이 된다. 그러므로 두 구의 차의 제곱의 1단보다 작다.[7)]

또한 큰 현의 제곱과 작은 현의 제곱의 각 2단은 두 현의 합의 제곱에 비해 역시 두 현의 차의 제곱의 1단보다 크므로 두 현의 차의 제곱을 감하면 즉 두 현의 합의 제곱으로 변해서 그 안에서 두 현의 차의 제곱보다 작게 된다.

지금 1율 즉 두 구의 합의 제곱에서 두 현의 차의 제곱을 뺀 것이고, 2율 즉 두 현의 합의 제곱에서 두 구의 차의 제곱을 뺀 것이므로, 3율은 두 현의 차의 제곱으로 변하고 4율은 두 구의 차의 제곱이 된다.[8)]

어떤 법칙이든지 두 구고형은 이미 닮은꼴이므로 1고를 공통으로 사용하면 두 현의 합과 차를 서로 곱한 것은 반드시 두 구의 합과 차를 서로 곱한 것과 같다.

두 구의 합과 두 현의 차의 비는 두 현의 합과 두 구의 차의 비와 같다.

---

7) 그림 (26)에서 갑정을 h, 갑을을 a, 갑병을 b라 두면,

$4h^2=2(a^2-x^2)+2(b^2-y^2)$

$2x^2+2y^2+4h^2=2a^2+2b^2$

$(x+y)^2+4h^2=x^2+2xy+y^2+2\{(a^2-x^2)+(b^2-y^2)\}=2a^2+2b^2-(x-y)^2$

8) 그림 (26)에서

$(x+y)^2-(a-b)^2=192$ ⋯ 1율

$(a+b)^2-(x-y)^2=768$ ⋯ 2율

$(a-b)^2=4$ ⋯ 3율

$(x-y)^2=16$ ⋯ 4율,

1율 : 2율 = 3율 : 4율이 되도록 4율을 정한다. 즉, $192:768=4:16$

두 구의 합의 제곱에서 두 현의 차의 제곱을 뺀 것과 두 현의 합의 제곱에서 두 구의 차의 제곱을 뺀 것의 비는 역시 반드시 같다.

두 현의 차의 제곱과 두 구의 차의 제곱의 비는 같다.

이에 제곱근을 하면 을무인 두 구의 차를 얻고, 이로써 을병인 두 구의 합에서 빼면 무병을 얻어 그 절반은 정병으로 작은 구가 되고 더불어 갑정을 고로 하여 구하면 현을 얻는 즉 갑병은 작은 엳변이다.

問十八-五

設如有三角形底邊二十一尺中垂線八尺大腰與小腰之和二十七尺問兩腰各若干

答曰大腰十七尺小腰十尺

法以底邊自乘得四百四十一尺兩腰和自乘得七百二十九尺兩數相減得二百八十八尺爲一率中垂線自乘四倍得二百五十六尺與底邊羃相加得六百九十七尺與兩腰和羃七百二十九尺相減餘三十二尺爲二率底邊羃四百四十一尺爲三率得四率四十九尺爲兩腰較羃開平方得七尺爲兩腰較與兩腰和相加折半得大腰相減折半得小腰也一率卽兩弦和羃內減兩勾和羃也

底邊卽兩勾和二率卽兩勾較羃內減兩弦較羃也底邊羃卽兩勾和羃原爲大勾羃小勾羃各二段內少兩勾較羃一段而加中垂線羃四段則大小勾羃四段[9]各得股羃變爲大弦羃小弦羃各二段內少兩勾較羃一段也兩弦和羃卽大弦羃小弦羃各二段內少兩弦較羃故與大弦羃小弦羃各二段內少

9) 2단(二段)의 誤記임

兩勾較冪之數相減爲兩勾較冪內減兩弦較冪之數故以底邊兩勾和冪爲三率得四率兩弦較冪兩弦和與兩勾較之比旣同於兩勾和與兩弦較之比故兩弦和冪內少兩勾和冪與兩勾較冪內少兩弦較冪之比亦必同於兩勾和冪與兩弦較冪之比也兩弦較卽兩腰較故開方得兩腰較也

문제 18.5

가령 삼각형의 밑변이 21척, 중수선이 8척, 큰 옆변과 작은 옆변의 합이 27척이면 각 옆변은 얼마인가?

답 큰 옆변 17척, 작은 옆변 10척이다.

법칙은 밑변을 제곱하여 441척을 얻고 두 옆변의 합을 제곱하여 729척을 얻어 서로 감하면 288척이 되어 1율로 한다. 중수선을 제곱하여 4배하면 256척을 얻고 밑변을 제곱한 것과 서로 더하면 697척을 얻는다. 더불어 두 옆변의 합의 제곱 729척에서 감하면 나머지가 32척으로 2율로 한다. 밑변의 제곱인 441척을 3율로 하면 4율은 49척을 얻게 되어 두 옆변의 차의 제곱으로 하여 제곱근을 구하면 7척을 얻어 두 옆변의 차로 한다.

더불어 두 옆변의 합과 차를 서로 더하여 그 절반은 큰 옆변이고 서로 감하면 그 절반은 작은 옆변이다.

1율 즉, 두 현의 합의 제곱에서 두 구의 합의 제곱을 뺀 것이다. 밑변 즉 두 구의 합이다. 2율 즉, 두 구의 차의 제곱에서 두 현의 차의 제곱을 뺀 것이다. 밑변의 제곱 즉 두 구의 합의 제곱은 원래 큰 구의 제곱과 작은 구의 제곱의 각 2단에서 두 구의 차의 제곱을 뺀 것이다. 이에 중수선의 제곱의 4단을 더하면 즉, 큰 구와 작은 구의 제곱의 2단을 각각 얻어 고의 제곱이 변하여 큰 현의 제곱과 작은 현의 제곱의 각 2단에서 두 구의 차의 제곱의 1단을 뺀 것이다. 두 현의 합의 제곱 즉 큰 현의 제곱과 작은 현의 제곱의 각 2단에서 두 현의 차의 제곱을 뺀 것으로 더불어 큰 현의 제곱과 작은 현의 제곱의 각 2단에서 두 구의 차의 제곱인 수를 감하면 두 구의 차의 제곱에서 두 현의 차의 제곱을 감한 수이다. 그러므로 밑변인 두 구의 합의 제곱을 3율로 하면 두 현의 차의 제곱인 4율을 얻는다. 두 현의 합과 더불어 두 구의 차의 비는 두 구의 합과 더불어 두 현의 차의 비가 같으므로 두 현의 합의 제곱에서 두 구의 합의 제곱을 뺀 것과 더불어 두 구의 차의 제곱에서 두 현의 차의 제곱의 비는 역시 두 구의 합의 제곱과 더불어 두 현의 차의 제곱의 비와 반드시 같다. 두 현의 차 즉 두 옆변의 차이므로 제곱근하면 두 옆변의 차를 구한다.[10]

問十八-六

設五角形每邊十二尺問面積若干

答曰二百四十七尺七十四寸八十七分强

法以每邊自乘爲實每邊爲長闊較用帶縱平方法開之得長十九尺四寸一分六釐四毫强爲對角線仍爲弦每邊折半爲勾求得股十八尺四寸六分

---

10) 풀이: $a+b=27$ 일 때, a, b는 각 얼마인가?
$a=17$, $b=10$

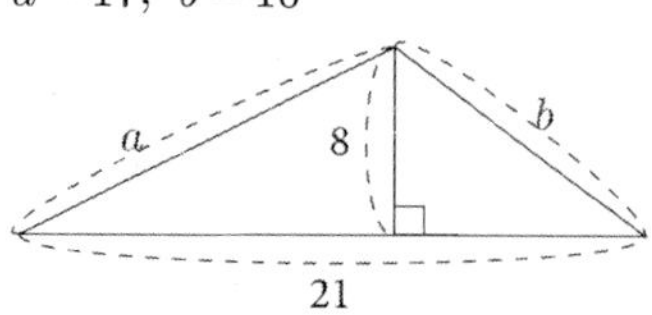

六釐一毫强爲對角至一邊垂線仍爲股弦和以除勾冪卽每邊折半冪爲股弦較相減折半得中心至每邊垂線八尺二寸五分八釐三毫弱以每邊乘之五因二歸得面積

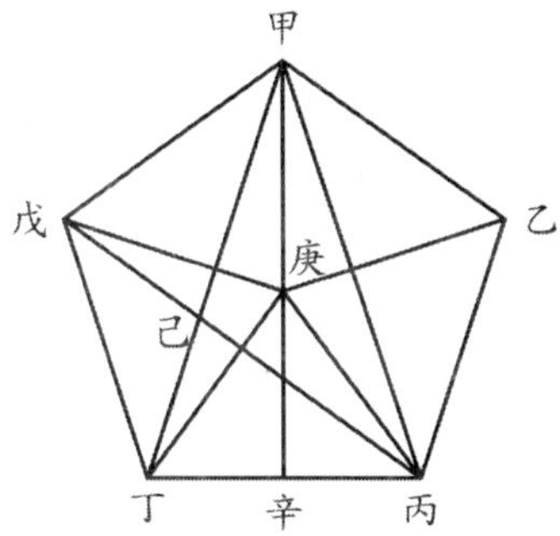

그림 (27)

如圖甲乙丙丁戊五角形作甲丙甲丁丙戊對角三線則甲丙丁三角形與丙丁己三角形爲同式故甲丁對角線與丙丁每邊之比同於丙丁每邊與丁己之比爲連比例三率而甲己與丙己等亦與丙丁每邊等則甲丁首率爲甲己中率丁己末率之和故以每邊中率自乘爲實卽首末相乘數也首率爲長卽中末率之和末率爲闊中率爲較故每邊爲縱廉求得首率爲甲丁對角線且甲丁爲弦半邊辛丁爲勾則甲辛爲股且庚丙爲弦半邊丙辛爲勾則甲辛爲股弦和而庚辛爲股旣得庚辛則分爲五段三角形用求面積也」

문제 18.6

5각형의 각 변이 12척이면 면적은 얼마인가?

답 247척 74촌 87분 강이다.

법칙은 각 변을 제곱하여 실수로 하고 각 변을 길이와 너비의 차로 하여 2차방정식으로 풀면 길이를 얻는다. 19척 4촌 1분 6리 4호 강이다. 대각선으로 한다. 따라서 현으로 하고 각 변의 절반을 구로 하여 고를 얻는다. 18척 4촌 6분 6리 1호 강이다. 한 변에 대한 대각의 수선으로 삼아 고현화라 하고, 구의 제곱 즉 각 변의 절반의 제곱으로 나누어 고현교라 하여 서로 감하여 그 절반이 중심에서 각 변의 수선을 얻으니 8척 2촌 5분 8리 3호 약이다. 각 변을 곱하여 5배하고 2로 나누면 면적을 얻게 된다.

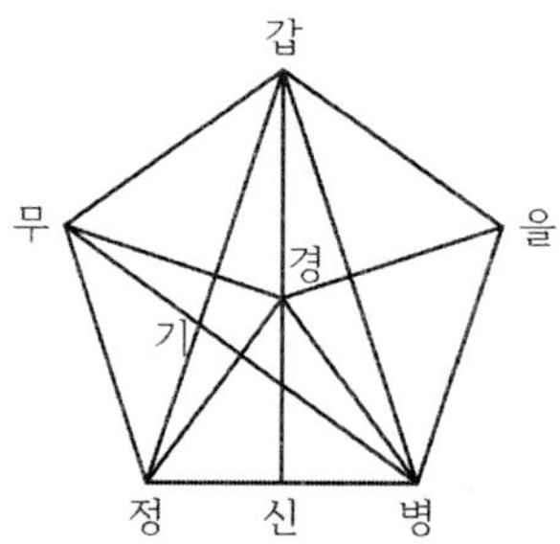

그림 (28)

그림 (28)에서와 같이 오각형 갑을병정무에서 갑병, 갑정, 병무의 3선을 긋는다. 삼각형 갑병정과 삼각형 병정기는 닮음꼴이므로 대각선 갑정과 각 변 병정의 비가 각 변 병정과 정기의 비가 같으므로 연비례 3율이 된다. 갑기와 병기가 같고 역시 각 변 병정과 같다. 수율 갑정은 중율 갑기와 말율 정기의 합이 되므로 중율인 각 변을 제곱하여 실수로 하면 수율, 말율을 서로 곱한 수이다. 수율을 길이로 하면 즉 중율과 말율의 합이고, 말율을 너비로 하면 중율은 차가 되므로, 각 변이 종염수가 되어 구하면 수율을 얻게 되고 대각선 갑정이 된다. 또한 갑정은 현, 변의 반인 신정을 구로 하면 갑신은 고가 된다. 또한 경병은 현, 변의 반 병신을 구로 하면 갑신은 고와 현의 합이다. 그러나 경신은 고가 되어 이미 구한 경신이다. 나누어진 5개의 삼각형으로 면적을 구한다.[11)]

問十八-七

設六角形每邊十二尺問面積若干

答曰三百七十四尺十二寸三十分弱

法以每邊爲弦每邊折半爲勾求得股仍與每邊相乘得數六因二歸得面積

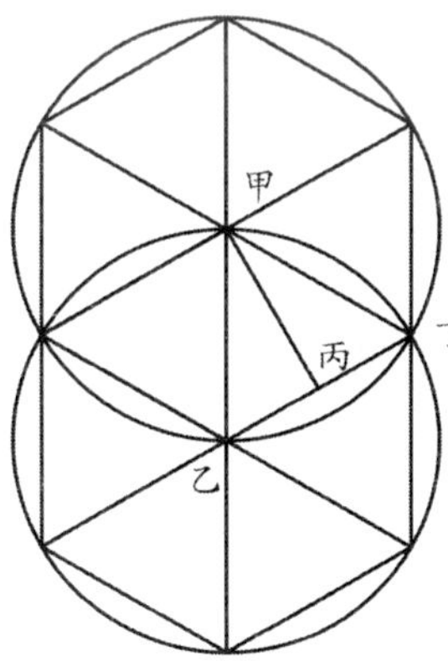

그림 (29)

11) 그림 (29)에서 갑정 : 변정=변정 : 정기에서 즉

$x: 12 = 12: x-12$

$x^2 - 12x - 144 = 0$

$x = 19.416407 = 19.4164$ 강

$(19.4164\text{강})^2 - 36 =$ 갑신^2

갑신 $= 18.4661$강

경신 $= 8.258292 = 8.2583$약

如圖甲圓乙圓皆爲六角形之外切圓而同以甲乙線爲半徑且甲六角形之每邊乙丁爲乙圓之半徑乙六角形之每邊甲丁爲甲圓之半徑則六角形之每邊必與外切圓之半徑等而外切圓之半徑卽六角形之分角線故以每邊爲弦每邊折半爲勾求得甲丙股爲中心至每邊垂線然後分爲六段三角形用求面積也

문제 18.7

각 변이 12척인 육각형의 면적은 얼마인가?

답 374척 12촌 30분 약이다.

법칙은 각 변을 현으로, 각 변의 반을 구로 하여 고를 얻어, 각 변을 곱하여 얻은 수에 6배 하여 2로 나누면 면적을 얻는다.

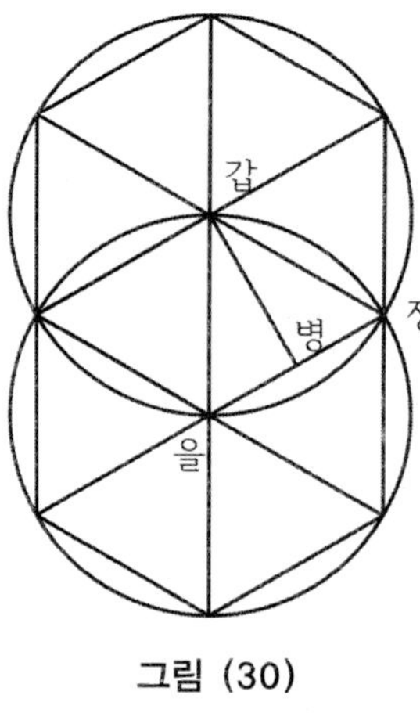

그림 (30)

그림 (30)에서 원 갑과 원 을은 모두 육각형의 외접원[12)]이고, 두

원이 같고, 선 갑을은 반경이 된다. 또한 육각형 갑의 각 변인 을정은 원 을의 반경이고, 육각형 을의 각 변인 갑정은 원 갑의 반경이다. 육각형 각 변은 반드시 외접원의 반경과 같다. 외접원의 반경은 즉 육각형의 분각선[13]이므로 각 변은 현이 되고, 각 변의 반은 구로 하여 갑병 고를 얻어 그림 (30)에서 각 변에 수선으로 삼은 후에 나누어진 6개의 삼각형으로 면적을 구한다.[14]

問十八-八

設八角形每邊十二尺問面積若干

答曰六百九十五尺二十九寸三十五分强

法以每邊自乘倍之爲實平方開之以加每邊仍自乘內減每邊冪得面積

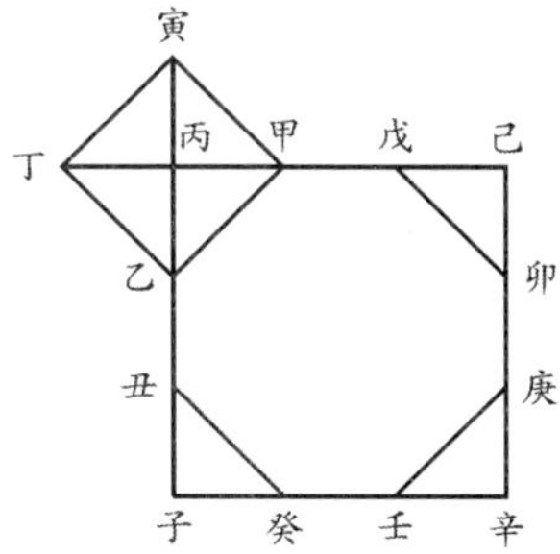

그림 (31)

12) 외절원은 외접원이다

13) 육각형의 각 변이다

14) 풀이 : $12^2 - 6^2 = 108$

$\sqrt{108} \times 12 \div 2 \times 6 = 374.12294 = 374.1230$ 약

如圖甲乙每邊爲方求甲丁斜線卽甲丙之二倍故加甲戊每邊得己丙自乘得丙己辛子正方面內減甲乙每邊自乘之甲乙丁寅小方面則去甲乙丙戊卯己庚壬辛癸丑子四段三角形而餘爲甲乙丑癸壬庚卯戊八角形面積也

문제 18.8

팔각형의 각 변이 12척이면 면적은 얼마인가?

답 695척 29촌 35분 강이다.[15)]

법칙은 각 변을 제곱한 2배를 실수로 하여 제곱근을 구해서 각 변을 더하여 이것을 제곱하여 각 변의 제곱을 감하면 면적을 얻는다.

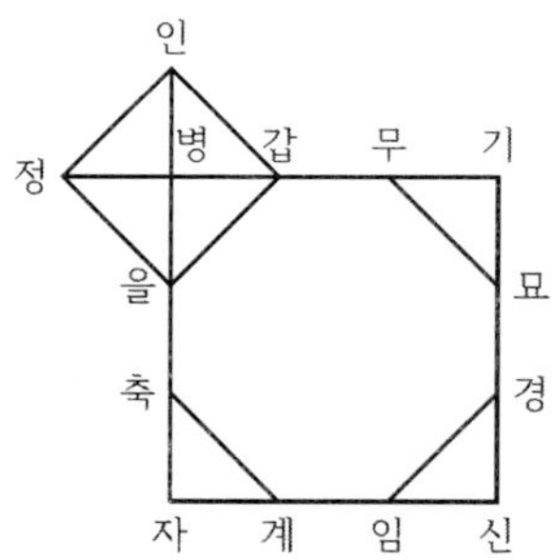

그림 (32)

그림 (32)에서 각 변 갑을을 정사각형의 한 변으로 하여 사선 갑정을 구하면 즉 갑병의 2배이므로 각 변 갑무를 더하면 각 변 기병을 얻고 제곱하면 정사각형 병기신자의 면적을 얻는다. 각 변 갑을의

15) 약의 誤記임

제곱인 작은 정사각형 갑을정인의 면적을 감하면 삼각형 갑을병, 무묘기, 경임신, 계축자 4개를 없앤 것으로 그 나머지가 팔각형 갑을축계임경묘무의 면적이 된다.[16)]

問十八-九

設圓徑二十萬問圓周及面積若干

答曰圓周六十二萬八千三百十九弱面積三百十四億一千五百九十二萬六千五百三十五强

法用圓徑求得圓面內外各邊形屢求勾股其邊數愈多則愈襯圓周至於外切線及內函線相合然後用邊數乘邊線得圓周

劉宋祖冲之以六邊起算故以半徑爲內函六邊形之一邊折半爲勾半徑爲弦求得股弦較卽自圓周抵每邊之線仍爲勾每邊折半爲股求得弦爲十二邊形之一邊也如是屢求得二十四邊四十八邊至於屢百億邊又以半徑爲股自乘得數四因三歸開方得弦爲外切六邊形之一邊仍折半爲勾半徑爲股求得股弦較仍爲勾以半徑之股乘之以半邊之勾除之得小股倍之爲外切十二邊形之一邊如是屢求得二十四邊四十八邊至於屢百億邊則外切內函邊線合於圓周也元趙友欽以四邊起算故以半徑冪倍之開方得內函四邊形之一邊折半爲勾半徑爲弦求得股弦較仍爲勾每邊折半爲股求得弦爲八邊形之一邊如是屢求十六邊三十二邊至於屢百億邊又以圓徑爲外切四邊形之一邊求得四邊形斜線與圓徑相減餘爲八邊形之一邊仍

---

16) 풀이 : 그림 (32)에서 갑병을 x라 두면
$12^2 = 2x^2, \quad x = 6\sqrt{2}$,
$(12 + 12\sqrt{2})^2 - 12^2 = 694.29346 = 694.2935$ 약

折半爲勾半徑爲股求得股弦較仍爲勾以半徑之股乘之以半邊之勾除之得小股倍之爲十六邊形之一邊如是屢求三十二邊六十四邊至於屢百億邊則外切內函邊線合於圓周也乃以半徑半周相乘得面積圓面積自中心剖爲屢百億三角形則皆以半徑爲垂線而周弧爲底邊故用三角形求面積法求之也

古法從簡以徑一圍三立率然內函六邊形之周已足徑之三倍則其率太疎沈括弧矢之術郭守敬三乘之法僅得做似故祖冲之以徑爲一百十三則周爲三百五十五立密率而推步家用割圜八線立成比例也

문제 18.9

원의 지름이 20만일 때 원둘레와 면적은 얼마인가?

답 원둘레는 62만 8319 약이고, 면적은 314억1592만6535 강이다.

법칙은 원의 지름을 이용하여 원의 면적을 구하는데 원의 내접, 외접하는 정다각형에서 여러번 구고를 구하여 그 변의 개수가 많으면 많을수록 외절선 및 내합선[17]이 서로 원둘레에 가까이 간 후에 변의 수를 이용하여 변의 길이를 곱해서 원둘레를 얻는다. 유송의 조충지[18]는 6변으로써 계산하였으므로 반지름을 내접하는 6변형의 한 변으로 삼아 그 절반을 구로 하고 반지름을 현으로 하여 구하면

---

17) 지금은 외절선은 외접정다각형의 변, 내합선은 내접정다각형의 변으로 쓴다.

18) 조충지(祖冲之, 429 – 500) : 자 문원(文遠), 중국 범양(范陽) 출생, 유송(劉宋)의 효무제(孝武帝) 밑에서 『대명력(大明曆)』을 만들었으며, 수학책으로는 『구장산술(九章算術)』의 주(註), 『철술(綴術)』 10편이 있어, 그의 산법의 깊이를 알 수 있다.

고와 현의 차를 얻게 된다. 즉 원둘레에서 각 변까지의 선을 구로 하고 각 변의 절반을 고로 하여 구하면 현을 얻고 12변형의 한 변으로 한다. 이와 같이 24변형, 48변형에서 수백억변형까지 구할 수 있다. 또한 반지름으로 고로 삼고 제곱하여 얻은 수에 4를 곱하여 3으로 나누어 제곱근을 구하면 현을 얻어 외절6변형[19]의 한변으로 삼는다. 이에 절반을 구로 하고 반지름을 고로 하여 구하면 고와 현의 차를 얻는데 이를 구로 삼고 반지름인 고를 그것에 곱하고 반 변인 구로서 나누면 작은 고를 얻어 배하여 외절12변형[20]의 한 변으로 한다.

이와 같이 여러번 구하면 24변형, 48변형, 수백억변형까지 이른다. 즉 외절선과 내합선의 합이 원둘레에 이른다.

원의 조우흠[21]은 네 변으로 계산하였는데 반지름을 제곱한 것을 배로 하여 제곱근을 구하면 내접한 사변형의 한 변을 얻고 그 절반을 구로 하고 반지름을 현으로 하여 구하면 현과 고의 차를 얻게 되고 이것을 구로 하여 각 변의 절반을 고로 하여 구하면 현을 얻어 8변형의 한 변이 된다. 이와 같이 여러번 구하면 16변형, 32변형, 수백억변형에 이른다.

또 원지름으로 외접 사변형의 한 변으로 삼아 구하면 사변형사선(대각선)과 원지름을 서로 감하여 나머지를 8변형의 한 변으로 한다. 이에 절반을 구로 하고 반지름을 고로 하여 구하면 고와 현의 차를 얻어 이에 구로 삼아 반지름인 고를 그것에 곱하고 반 변인 구로 그것을 나누면 작은 고를 얻으니 그것을 두 배하면 16변형의 한 변이

19) 외접정6각형

20) 외접정12각형

21) 원나라 때의 수학자 조우흠(趙友欽, 1271~1335)에 의해 다시 계산되어 16384개의 변을 가진 다각형을 통하여 그 값의 정확성이 확인 되었다.

된다. 이와 같이 여러번 구하면 32변형, 64변형, 수백억변형에 이른즉, 외절선합과 내합선의 합이 각각 원둘레에 이른다. 이에 반지름, 원둘레를 서로 곱하여 면적을 얻는다. 원의 면적은 중심에서 수백억개의 삼각형으로 분할하면 모두 반지름이 수선이 되고 원둘레의 호가 밑변이 되므로 삼각형을 이용하여 면적을 구하는 법으로 그것을 구한다. 옛날의 종간법으로 원둘레에 대한 지름의 비율을 3으로 하면 내접 6변형의 둘레일 뿐이므로 지름의 3배가 되는 이 율은 매우 작으며, 심괄[22)]의 호시의 방법, 곽수경[23)]의 3을 곱하는 방법은 매우 비슷하다.

조충지는 지름을 113으로 하고 원둘레를 355로 하는 밀율을 세운 것이다. 그리고 추보가들은 할위팔선[24)] 사용하여 비례를 세운 것이다.[25)]

---

22) 심괄(沈括, 1031~1085), 자 존중(存中), 호 몽계옹(夢溪翁), 중국 저장성(浙江省) 출생, 『몽계필담(夢溪筆談)』(26권), 『보필담(補筆談)』 (3권)에는 풍부한 과학적 기사가 실려 있다.

23) 곽수경(郭守敬, 1231~1316), 원나라의 천문학자, 『수시력서(授時曆書)』 (21권)을 황제에게 바쳤다.

24) 할위팔선은 할원팔선의 誤記인 듯 함
할원팔선(割圓八線) : 팔선(八線)은 sin, cos, tan, cot, sec, cosec, vers(正矢, vers $\theta = 1 - \cos\theta$), covers(餘矢, covers $\theta = 1 - \sin\theta$)의 8가지를 뜻한다.

25) 풀이: r을 반지름이라 하면, $2r = 20$
$20\pi = 20 \times 3.141592 \cdots = 628318.40 \cdots = 628319$ 약
$100000^2 \times \pi = 314159265358 \cdots = 31415926535$ 강

19 각체율(各體率)

「體之爲形成於面其六等面者卽正方體也爲體之宗而四面八面十二面二十四面之體雖有成法不切於用故不具錄只擧塹堵等分體及球體設例焉」

체는 면으로 이루어지는 것으로 6개의 면이 같으면 즉 정방체(정육면체)이다. 정방체가 주종이고 4면, 8면, 12면, 24면의 체를 비록 만들 수는 있으나 사용하는데는 적절치 못하므로 구체적으로 나타내지 않고 다만 참도[1]와 같은 나눈 입체에서 구의 입체까지 예를 들 뿐이다.

問十九-一

今有塹堵體闊五尺長十二尺高七尺問積幾何

答曰二百十尺

法以長闊相乘又以高乘之折半得積塹堵體卽平行二勾股面之三稜長體蓋有直角爲塹堵體無直角爲芻蕘體皆得長方體之半也」

1) 참도체(塹堵體)는 지금의 직각삼각기둥을 말한다.

문제 19.1

지금 참도체가 너비 5척, 길이 12척, 높이 7척이면 체적은 얼마인가?

답 210척이다.

법칙은 길이와 너비를 서로 곱하고 또 높이를 곱하여 반으로 나누면 체적을 얻는다. 참도체 즉 평행인 2개의 구고형 면과 3개의 능장체(즉 직사각형 면)로서 직각이 있으면 참도체라고 하고, 직각이 없으면 추요체[2]라 하는데 모두다 장방체(직육면체)의 반으로 얻는다.[3]

問十九-二

今有陽馬體長八尺闊六尺高五尺問積幾何

答曰八十尺

法以長闊相乘又以高乘之三歸得積陽馬體卽尖方體之尖在一隅者與尖方體皆爲長方體三分之一也」

문제 19.2

지금 양마체가 길이 8척, 너비 6척, 높이 5척이면 체적은 얼마인가?

답 80척이다.

---

2) 추요체(芻堯體)는 지금의 삼각기둥을 말한다.

3) 풀이 : $V=5\times 12\times 7\div 2=210$

법칙은 길이와 너비를 서로 곱하고 또 높이를 곱하여 $\frac{1}{3}$로 하면 체적을 얻는다. 양마체 곧 첨방체이다.[4] 뿔이 한 꼭지점에 있는 것으로 첨방체는 모두다 장방체의 $\frac{1}{3}$이다.[5]

問十九-三

今有鼈臑體長十二尺闊九尺高八尺問積幾何

答曰一百四十四尺

法以長闊相乘又以高乘之六歸得積鼈臑體卽以勾股面爲底之尖體故得長方體六分之一也

문제 19.3

지금 별노체가 길이 12척, 너비 9척, 높이 8척이면 체적은 얼마인가?

답 144척이다.

법칙은 길이와 너비를 서로 곱하고 또 높이를 곱하여 $\frac{1}{6}$로 하면 체적을 구한다. 별노체 즉 구고형 면(직각삼각형)이 밑면인 첨체(직

---

4) 사각뿔, 즉 밑면이 직사각형인 뿔(추)이다.

5) 풀이 : $V=8\times6\times5\times\frac{1}{3}=80$

각삼각뿔)이므로 장방체의 $\frac{1}{6}$로 하면 얻는다.6)

問十九-四

今有上下不等長方體上長四尺闊三尺下長八尺闊六尺高十尺問積幾何

答曰二百八十尺

法以上長上闊相乘得數下長下闊相乘得數上長下闊相乘下長上闊相乘併之折半得數三數相併得八十四尺以高乘之三歸得積下長闊所成長方體比上長闊所成長方體多方廉體長廉體各四也上長下闊相乘下長上闊相乘共數折半所成長方體比上長闊相乘長方體多二方廉體也今以相併三數皆作上長闊相乘體則剩六方廉體四長廉體故每一方廉體分爲二塹堵體每一長廉體分爲三陽馬體共得十二塹堵體十二陽馬體將上長闊相乘體各加四塹堵體四陽馬體皆成不等長方體故三歸得積也

又法下長折半以高乘之以上下長相減折半除之得二十尺爲原體上補成尖體之共高與原高相減得十尺爲補高乃以下長闊相乘以共高乘之三歸得大尖方體又以上長闊相乘以補高乘之三歸得小尖方體以減大尖方體餘爲不等體積此勾股比例也下長折半爲勾則共高爲股上下長相減折半爲勾則原高爲股

6) 풀이 : $V=12\times9\times8\times\frac{1}{6}=144$

문제 19.4

지금 위 아래가 같지 않은 장방체에서 윗면의 길이가 4척, 너비가 3척이고, 아랫면의 길이가 8척, 너비가 6척이고, 높이가 10척이면 체적은 얼마인가?

답 280척이다.

법칙은 윗면의 길이와 너비를 서로 곱하여 얻은 수, 아랫면의 길이와 너비를 서로 곱하여 얻은 수, 윗면의 길이와 아랫면의 너비를 서로 곱하고, 아랫면의 길이와 윗면의 너비를 서로 곱하여 더한 수의 절반인 수, 이 세수를 더하면 84척을 얻어 높이를 곱하여 3으로 나누면 체적이 된다. 아랫면의 길이와 너비로 이루어진 장방체는 윗면의 길이와 너비로 이루어진 장방체에 비해 방염체와 장염체가 각각 4개가 더 많다.

윗면의 길이와 아랫면의 너비를 서로 곱한 것과 아랫면의 길이와 윗면의 너비를 서로 곱한 것을 더한 수의 그 절반으로 만들어진 장방체는 윗면의 길이와 너비를 서로 곱한 장방체보다 2개의 방염체가 더 많다.

지금 세 수를 서로 더한 것은 모두 윗면의 길이와 너비를 서로 곱한 체를 얻는다. 즉 6개의 방염체, 4개의 장염체가 많음으로 각 1개의 방염체를 나누어 2개의 참도체로 하고, 각 1개의 장염체를 나누어 3개의 양마체가 되므로 모두 12개의 참도체와 12개의 양마체를 얻는다.

윗면의 길이와 너비를 서로 곱한 체에 각 4개의 참도체와 4개의 양마체를 더하면 모두 부등장방체를 만들므로 3으로 나누면 체적을 얻는다.

또한 법칙으로 아랫면의 길이의 절반에 높이를 곱한 것을 위와 아래의 길이를 서로 감한 절반으로 나누어 20척을 얻어 원체로 하여 원체 위를 보하여 첨체를 만든다.

공고[7]와 원래의 높이를 서로 감하면 10척을 얻어 보고[8]라 한다.

이에 아래의 길이와 너비를 서로 곱한 것에 공고를 곱하여 3으로 나누면 큰 첨방체를 얻는다. 또 위의 길이와 너비를 서로 곱한 것에 보고를 곱하여 3으로 나누면 작은 첨방체를 얻고, 큰 첨방체에서 감하면 나머지가 부등장방체의 체적이 된다. 이것은 구고의 비례이다. 아래의 길이의 절반이 구이면 공고는 고가 되고, 위와 아래의 길이를 서로 감한 그 절반이 구이면 원고[9]는 고가 된다.[10]

問十九-五

今有方臺上方六尺下方九尺高十二尺問積幾何

答曰六百八十四尺

---

7) 더한 높이, 즉 원래의 높이를 보하여 만든 첨체의 높이

8) 보충한 높이

9) 원래의 높이

10) 풀이 : $V=\frac{h}{3}(S_1+S_2+\sqrt{S_1S_2})$

$\fallingdotseq [8\times 6+4\times 3+\frac{1}{2}(4\times 6+8\times 3)]\times 10\times \frac{1}{3}=280$

또한, $\{4\times 10\}\div\{(8-4)\div 2\}=20$

$8\times 6\times 20\times \frac{1}{3}=320,\quad 4\times 3\times 10\times \frac{1}{3}=40,\ 320-40=280$

法以上方自乘得數下方自乘得數上下方相乘得數三數併之以高乘之三歸得積與前問法同又法下方折半以高乘之以上下方相減折半除之得原體上補成尖體之共高與原高相減得二十四尺爲補高乃以下方自乘以共高乘之三歸得大尖方體又以上方自乘以補高乘之三歸得小尖方體以減大尖方體餘爲方臺積亦同前問又法

문제 19.5

지금 사각뿔대가 윗면의 가로 세로가 6척, 아랫면의 가로 세로가 9척, 높이가 12척이면 체적은 얼마인가?

답 684척이다.

법칙은 윗면을 제곱하여 얻은 수, 아랫면을 제곱하여 얻은 수와 위, 아랫면을 서로 곱하여 얻은 수 즉 3수를 더한 것에 높이를 곱하여 3으로 나누어 체적을 얻는다.[11] 앞의 문제의 풀이와 같다.

또한 법칙은 아랫면의 절반에 높이를 곱한 것에서 위, 아랫면을 서로 감한 것의 절반으로 나누어 원체를 얻고, 위를 보하여 첨체를 만든다. 공고와 더불어 원래의 높이를 서로 감하면 24척을 얻어 보고로 한다. 아랫면을 제곱하고 공고를 곱하여 3으로 나누면 큰 첨방체를 얻게 되고, 윗면을 제곱하고 보고를 곱하여 3으로 나누면 작은 첨방체를 얻는다. 큰 첨방체에서 감한 나머지가 사각뿔대의 체적이 된다. 역시 앞 문제의 법칙과 같다.

---

11) 풀이 : $(6^2+9^2+6\times 9)\times 12\times \frac{1}{3}=684$

問十九-六

今有圓球[12)]徑四尺五寸二分問積幾何

答曰四十八尺三百五十一寸九百四十七分弱

法用密率置球徑以三百五十五乘之以一百十三除之得周十四尺二寸仍與徑相乘得六十四尺十八寸四十分爲外面積球體外面積原爲同徑之平圓面積四倍而平圓面以半徑半周相乘得積今以全徑全周相乘故爲四倍

仍與半徑相乘三歸得積球體自中心剖作屢百億尖體則皆以半徑爲高外面積爲其底面故用尖體法球積也

又法以半徑半周相乘得圓面積十六尺單四寸六十分仍以徑乘之得七十二尺五百二十七寸九百二十分爲立圓體積二因三歸得積球體原爲立圓體三分之二

문제 19.6

지금 구의 지름이 4척5촌2분이면 체적은 얼마인가?

답 48척351촌947분 약이다.

법칙은 밀율을 사용하여 구의 지름에 355를 곱하고 그것을 113으로 나누면 원둘레 14척2촌을 얻는다. 이에 지름을 서로 곱하면 64척18촌40분을 얻어 표면적으로 한다.[13)]

---

12) 원구를 지금은 구라고 한다.

13) 외면적을 지금은 표면적이라고 한다.

구체의 표면적은 원래의 지름이 같은 평면의 원면적의 4배이다. 평면의 원면적은 반지름과 원둘레의 반을 서로 곱하여 얻는다. 지금 지름과 원둘레를 곱하므로 4배가 된다.

이에 반지름을 서로 곱하여 3으로 나누면 체적을 얻는다.[14)]

구의 체적은 중심으로부터 나누면 수백억개의 첨체가 만들어지므로 모두 반지름을 높이로 표면적은 그 밑면이 되므로 첨체의 법칙을 이용하여 체적을 구한다.[15)]

또 다른 법칙은 반지름과 원둘레의 반을 서로 곱하여 원의 면적 16척4촌60분을 얻어 이에 지름을 곱하여 72척527촌620분을 얻어 입원체의 부피가 되고 2를 곱하고 3으로 나누면 체적을 얻는다. 원래의 구의 체적은 입원체의 $\frac{2}{3}$가 된다.[16)]

問十九-七

今有擀圓體大徑六尺小徑[17)]二尺二寸六分問積幾何

---

14) 풀이 : $2\pi r = 4.52 \times \frac{355}{133} = 14.2$

$4\pi r^2 = 2\pi r \times 2r = 14.2 \times 4.52 = 64.184$

$V = \frac{4}{3}\pi r^3 = 4\pi r^2 \times r \times \frac{1}{3} = 64.184 \times 2.26 \times \frac{1}{3}$

$= 48.351946 \cdots = 48.351947$ 약

15) 첨체의 부피 = 밑면적 × 높이 × $\frac{1}{3}$

16) 아르키메데스의 묘비

원뿔의 체적 : 구의 체적 : 원기둥의 체적 = 1 : 2 : 3

입원체(원기둥)의 체적 $\pi r^2 \times 2r = 2\pi r^3$

17) 대경은 장축, 소경은 단축

答曰十六尺零四十六寸

法以小徑用密率求周得七尺一寸以半徑半周相乘得面積四尺單一寸十五分以大徑乘之二因三歸得積長圓體與撱圓體之比亦爲三分之二也

문제 19.7

지금 타원체의 장축이 6척, 단축이 2척2촌6분이면 체적은 얼마인가?

답 16척 046촌이다.

법칙은 단축에 밀율을 사용하여 원둘레를 구하면 7척1촌이고, 반지름과 반원둘레를 서로 곱하면 면적 4척1촌15분을 얻고 장축을 곱한 것에 2를 곱하고 3을 나누면 체적을 얻는다.[18]

장원체와 타원체의 비는 역시 3분의 2이다.[19]

---

18) $2.26\times\frac{355}{113}=7.1$

$\frac{2.26}{2}\times\frac{7.1}{2}=4.0115$

$4.0115\times 6\times\frac{2}{3}=16.046$

19) 장원체의 체적 $\pi a^2\times 2b=2\pi a^2 b$

입원체 :구=장원체 : 타원체$=3:2$

20 퇴타율(堆垜率)

「堆垜之一面平堆與方圓束形皆與面同方者卽平方法其餘用梯形法以其每層爲遞加之數也束形之圓者六包一方者八包一三角者九包一[1]有邊求積[2]有周求積其理皆相通也至於層履者爲體之屬而方者爲四角尖堆[3]三角者爲三角尖堆[4]其每層之邊爲遞加一數而面積則三角爲按位相加之數四角爲按位自乘相加之數其傍皆峻層不平故與體亦微異也」

퇴타는 한 면을 평평하게 쌓아 올리고 정사각형이나 원으로 묶은 모양이다. 모두 다 면은 같다. 정사각형은 곧 평방법으로 한다. 그 나머지는 사다리꼴의 넓이를 구하는 법을 사용하여 그 각 층에 점차 더해가는 수이다. 원으로 묶은 모양은 6포에 1이고, 정사각형은 8포에 1, 삼각형은 9포에 1이다. 변으로 쌓은 개수를 구하는 것도 있고,

1) '圓者六包一 方者八包一 三角者九包'는 원, 정사각형, 삼각형 모양의 묶음이 각각 중심에 1개를 놓고 그 둘레에 차례로 둘레마다 6개, 8개, 9개씩 더하여 에워쌓는 것으로 $\sum_{k=1}^{n} 6k$, $\sum_{k=1}^{n} 8k$, $\sum_{k=1}^{n} 9k$ 로써 등차수열의 급수로 표현된다.

2) 퇴타(堆垜)의 총수(總數)를 적(積)이라 한다.

3) 사각첨퇴(四角尖堆)는 오늘날의 사각뿔이다.

4) 삼각첨퇴(三角尖堆)는 오늘날의 삼각뿔이다.

둘레를 쌓은 개수를 구하는 것이 있어 그 이치는 모두 서로 통한다. 층층이 쌓은 것이 입체가 되며 사각형으로 쌓은 것은 사각뿔이 되고, 삼각형으로 쌓은 것은 삼각뿔이 된다. 그 각 층의 변은 한 수씩 차례로 더하고 한 면이 삼각형이면 개수는 층수를 살펴 서로 더한 수이고, 사각형이면 층에 놓은 개수는 제곱임을 살펴 서로 더한 수이다. 그 곁은 모두가 울퉁불퉁하여 평평하지 못하므로 입체모양 역시 약간씩 다르다.

(분석) 圓束形, 方束形, 그리고 三角束形의 n번째까지의 총 개수는 각각

$1+\sum_{k=1}^{n}6k$, $1+\sum_{k=1}^{n}8k$, 그리고 $1+\sum_{k=1}^{n}9k$로 나타낸다. 즉,

$$1+\sum_{k=1}^{n}6k=1+\frac{6n(n+1)}{2}=1+3n(n+1),$$

$$1+\sum_{k=1}^{n}8k=4n^2+4n+1=(2n+1)^2$$

그리고 $1+\sum_{k=1}^{n}9k=1+\dfrac{9n(n+1)}{2}$이다.

問二十一

今有三角平堆5)每邊六十四束問積幾何

5) 삼각평퇴(三角平堆)는 교초적(茭草積)이라고도 하며 차례로 수를 더하여 나아가 삼각형 모양으로 쌓은 것을 뜻한다. 즉, $\sum_{k=1}^{n}k=\dfrac{n(n+1)}{2}$이다.

答曰二千八十束

法置每邊又以每邊添一相乘得四千一百六十爲實二歸得積
(此與方面之半相似而上闊實有一束故用梯形法也)

문제 20.1

삼각평퇴의 각 변이 64묶음이면 모두 얼마인가?

답 2080묶음이다.

풀이는 각 변의 묶음과 각 변의 묶음에 1을 더하여 서로 곱하면 4160을 얻어 나뉨수로하여 2로 나누면 쌓은 묶음을 얻는다.(이것은 정사각면의 반과 서로 비슷하고 위의 너비를 나뉨수로한 한 묶음이 있으므로 사다리꼴 넓이를 구하는 방법으로 한다.)

(분석) 삼각평퇴의 n번째까지의 총 개수를 S_n이라 하면,

$$S_n = \sum_{k=1}^{n} k = \frac{n(n+1)}{2} \text{ 이다.}$$

$$\text{해법 : } n = 64 \text{일 경우, } S_{64} = \frac{64(64+1)}{2} = 2080.$$

또, 사다리꼴 넓이를 구하는 법에 따라 밑변에 놓인 개수가 n, 윗변에 놓인 개수가 1, 그리고 높이(층수)가 n이므로 총 개수는 $\frac{n(n+1)}{2}$이다.

問二十-二

今有圓箭[6]一束外周五十四箇問積幾何

答曰二百七十一箇

法置外周又以外周添六相乘得三千二百四十爲實以十二爲法除之更加心箭[7]一箇得積(圓束六包一故心箭以外六箇各自遞加成三角平堆而外周爲六段平堆之共底邊用三角平堆法添六箇又以外周乘之而外周旣爲每底邊之六倍故因平堆法之二得十二爲法除之得心箭外積也)

문제20.2

화살의 한 묶음이 원 모양으로 바깥 둘레에 54개가 있으면 모두 얼마인가?

답 271개이다.

풀이는 바깥 둘레에 6을 더하여 서로 곱하면 3240을 얻어 나뉨수로 하고 12를 나눗수로 하여 나눈다. 여기에 심전 1개를 더하면 총 개수를 얻는다.(원 모양의 묶음은 6포에 1이므로 심전 이외에 6개를 각각 에워싸서 나아가면 삼각평퇴를 이루고 바깥 둘레는 평퇴의 밑변을 공통으로 6배로 삼각평퇴법을 써서 6개를 더하고, 또 바깥 둘레를 곱한다. 바깥 둘레는 이미 각 밑변이 6배이므로 평퇴법의 2에

6) 원전은 화살들이 중심에 놓인 심전(心箭)을 중심으로 한, 여러개의 동심원으로 둘러싸고 있는 모양이다.

7) 심전(心箭)은 가운데 있는 원전(圓箭)을 뜻한다.

의해 12를 얻어 나눗수로하여 나누면 심전 이외의 개수를 얻는다.)

(분석) 심전을 중심으로 하는 n번째의 동심원까지의 화살의 총 개수를 S_n, 바깥둘레에 있는 개수를 l이라하면,

$$S_n = 1 + \sum_{k=1}^{n} 6k = 1 + \frac{6n(n+1)}{2} = 1 + \frac{6n(6n+6)}{12}$$

$$= 1 + \frac{l(l+6)}{12}$$

이다.

해법 : $l = 54$일 경우, $2\pi n = 54$이므로 $n = 9$이다.

(단, $\pi = 3$)

따라서 $S_9 = 1 + \dfrac{54(54+6)}{12} = 271$

問二十三

今有方木一束[8]外周五十六箇問積幾何

答曰二百二十五箇

法置外周又以外周添八相乘得三千五百八十四爲實以十六爲法除之更加心木一箇得積(方束八包一故心木外八箇各自遞加成三角平堆而外周爲八段平堆之共底邊用三角平堆法添八箇又以外周乘之而外周旣爲每底邊之八倍故因平堆法之二得十六爲法除之得心木外積也)

又法以外周四歸得十四添一自乘得積(外周四歸而添四隅相疊之一箇

---

8) 방목일속(方木一束)은 정사각형의 나무 한 묶음을 말한다.

得每邊故用平方法得積)

문제 20.3

방목 한 묶음의 바깥 둘레에 56개가 있으면 모두 몇 개인가?

답 225개이다.

풀이는 바깥 둘레에 놓인 56개와 그것에 8개를 더하여 서로 곱하면 3584개를 얻어 나뉨수로하고 16을 나눗수로 하여 나눈다. 여기에 심목 1개를 더하면 총 개수를 얻는다.(방속은 8포가 1이므로 심목을 제외하고 8개씩 각각 차례로 더하면 삼각평퇴를 이루고 바깥 둘레에 놓인 개수는 평퇴의 끝변에 놓인 개수의 8배로써 삼각평퇴법을 써서 8개를 더하고 바깥 둘레에 놓인 개수를 곱한다. 바깥 둘레는 이미 각 평퇴의 끝변에 놓인 개수의 8배가 되므로 평퇴법에 의해 2를 곱하여 16을 얻어 나눗수로 하고 나누면 심목을 제외한 개수를 얻는다.)

또, 다른 풀이는 바깥 둘레를 4로 나누어 14를 얻고 1을 더하여 제곱하면 개수를 얻는다. (바깥 둘레는 4로 나누고 4개의 모서리가 서로 겹쳐 있으므로 1개를 더하면 각 변이 되므로 평방법으로 개수를 얻는다.)

(분석) 동심방(同心方 : Concentric squares)을 n번째(층수) 둘러싼 정사각형의 바깥 둘레의 한 변의 개수를 m, 바깥둘레의 개수를 l, 그리고 n번째 동심방까지의 총 개수를 S_n이라 하면 다음과 같다.

층수	1	2	3	⋯	n
m	3	5	7	⋯	$2n+1$
l	8	16	24	⋯	$8n$

$$S_n = 1 + \sum_{k=1}^{n} 8k = 1 + \frac{8n(8n+8)}{16} = 1 + \frac{l(l+8)}{16}$$

해법 : $l = 56$이므로 $n = \frac{56}{8} = 7$.

따라서 $S_7 = 1 + \frac{56(56+8)}{16} = 225$.

별해 : $S_n = 1 + \sum_{k=1}^{n} 8k = 1 + \frac{8n(n+1)}{2} = (2n+1)^2$이므로

$S_7 = (2 \times 7 + 1)^2 = 225$.

問二十四

今有三角垜果子9)底面每邊四十四箇問積幾何

答曰一萬五千一百八十箇

法置底邊又以底邊添一乘之得數再以底邊添二乘之得九萬一千八十箇爲實以六爲法除之得積(三角尖體底面卽三角平堆故添一乘之二歸得面積也兩三角面之合成方面也有方差一箇則三尖體之合成立體也必有

9) 『산학입문(이수신편 제22권)』의 퇴적환원(堆積環源)에서 "삼각타과자는 틈이 있게 정삼각형으로 쌓아 올린 삼각뿔이다. 뜻은 입체가 삼각면으로 뾰족한 꼭지점이 있고 소위 날카로운 술잔과 가깝다. 면마다 모두 아래로부터 비스듬이 올라와서 꼭지점에서 만난다.(隙積體垜等邊三角尖垜義同立方様而三面尖頂所謂銳觚近之每面皆下斜殺而上以會于頂)"

高差二箇故再以底邊添二乘之三歸得尖體也今所得爲立方體故以二與三相因得六爲法除之也)

又法以一箇爲上邊添一以上邊乘之得二下邊添一以下邊乘之得一千九百八十以上邊添一以下邊乘之得八十八三數相併得數以下邊爲層數乘之得九萬一千八十箇六歸得積(此法底面用三角平堆法體積當用尖體法而上邊實有一箇故用方臺法也)

문제 20.4

삼각타과자의 밑면의 각 변이 44개가 있으면 쌓은 것은 얼마인가?

답 15180개이다.

풀이는 밑변의 개수와 밑변의 개수에 1을 더하고 곱하여 수를 얻고, 다시 밑변의 개수에 2를 더하여 곱하면 91080개를 얻어 나뉨수로 하고 6을 나눗수로 하여 나누면 총 개수를 얻는다.(삼각뿔의 밑면은, 즉 삼각평퇴이므로 밑면의 한 변의 개수에 1을 더하고 한 변의 개수를 곱하여 2로 나누면, 면에 있는 개수를 얻는다. 두 개의 삼각면을 합치면 사각면을 이룬다. 변〈가로 세로〉에 있는 개수의 차가 1개이므로 3개의 삼각뿔이 합쳐 입체(삼각기둥)가 이루어지고, 반드시 높이는 한 변의 개수와의 차가 2개이므로 여기에 밑변의 개수에 2를 더하여 밑변의 개수를 곱하고 3으로 나누면, 삼각뿔에 있는 개수를 얻는다. 지금 얻은 입체는 육면체이므로 2와 3을 서로 곱하여 6을 얻어 나눗수로 하여 나눈다.)

또, 다른 풀이는 1개를 윗변으로 하고 1개를 더하여 곱하면 2를 얻고 밑변에 1개를 더하여 곱하면 1980을 얻는다. 윗변에 1을 더하여 밑변을 곱하면 88을 얻어 이 세수를 서로 더하여 수를 얻는다. 밑변을 층수로 하여 곱하면 91080개를 얻어 6으로 나누면 총 개수를 얻는다.(이 법은 밑면에는 삼각평퇴법을 사용하고 체적은 첨체법을 사용하여 윗변이 실제로 1개가 있으므로 방대〈사각뿔대〉법을 사용한다.)

(분석) 밑면의 한 변에 있는 개수를 n개라 하면, 밑면의 개수는 삼각평퇴법에 의해 $\frac{n(n+1)}{2}$개다. 이 한 변에 있는 개수가 n인 두 삼각형을 합치면, 한 변의 개수 n, 다른 한 변의 개수가 $(n+1)$인 직사각형이 되고, 또 한 변이 $(n+1)$개인 두 삼각형을 합치면, 한 변이 $(n+1)$개, 다른 한 변이 $(n+2)$개인 직사각형이 되어 이것을 높이로 하는 면으로 본다. 즉 직육면체가 된다. 이것을 2로 나누면 삼각기둥(참도체)이 되고 이 삼각기둥은 삼각뿔(별노체)의 3배이다. 따라서 첨체(삼각뿔)의 총 개수는 첨체법에 의해

(직육면체의 부피)$\times \frac{1}{2} \times \frac{1}{3} =$ (삼각뿔의 부피)이므로

(삼각뿔의 총 개수)$= n(n+1)(n+2) \times \frac{1}{2} \times \frac{1}{3}$

$= \frac{n(n+1)(n+2)}{6}$이다.

해법 : $n = 44$일 경우 (삼각타과자의 총개수)

$$= \frac{44(44+1)(44+2)}{6} = 15180.$$

별해 : 방대(사각뿔대)법을 사용한다. 즉 방대의 윗변의 길이를 a, 너비를 b, 그리고 밑변의 길이를 c, 너비를 h라 하면, 추동법에 의해 얻어지는 부피를 V라하면,

$$V = \frac{h}{6}\{(2b+d)a+(2d+b)c\}$$ 이다.

삼각타과자의 밑면에는 삼각평퇴법으로 하고 사각뿔대법에 의해 삼각타과자에 쌓은 총 개수 S_n을 구한다. 즉,

$$S_n = \frac{n(n+1)(n+2)}{6} = \frac{n(n^2+3n+2)}{6}$$

$$= \frac{n}{6}\{(1+1)\times 1 + n(n+1) + (1+1)n\}$$

이므로

$$\begin{aligned} S_{44} &= \frac{44}{6}\{(1+1)\times 1 + 44(44+1) + (1+1)\times 44\} \\ &= \frac{44}{6}(2+1980+88) \\ &= \frac{91080}{6} \\ &= 15180 \end{aligned}$$

問二十一五

今有四角垜果子底面每邊三十五箇問積若干

答曰一萬四千九百十箇

法置底邊又以底邊添半箇乘之得數再以底邊添一乘之得四萬四千七百三十箇爲實以三爲法除之得積(四角尖體底面卽平方堆故諸率皆用三角尖體之半也)

又法以一箇爲上邊自乘得一下邊自乘得一千二百二十五上下邊相乘得三十五三數相倂又加上下邊之半較十七箇得數以下邊爲層數乘之得四萬四千七百三十箇爲實三歸得積(此法因上邊實有一箇用方臺法而其

層累之積比尖體積多三角平堆積一段其邊卽上下邊之較也今體積當用三歸而平堆法當二歸故更加半較以爲三歸之地也)

문제 20.5

사각타과자의 밑면의 각 변에 35개가 있으면 쌓은 것은 얼마인가?

답 14910개이다.

풀이는 밑면의 각 변에 있는 개수에 반 개를 더하고 밑면의 변에 있는 개수를 곱하면 수를 얻는다. 다시 밑면의 변에 있는 개수에 1을 더하여 곱하면 44730개를 얻어 나뉨수로 하고 3을 나눗수로 하여 나누면 총 개수를 얻는다.(사각뿔의 밑면, 즉 평방퇴이므로 모든 풀이는 모두다 삼각뿔이 반이 되는 것을 이용한다.)

또, 다른 풀이는 1개를 윗면의 한 변의 개수로 하여 제곱하면 1을 얻고, 밑면의 한 변에 있는 개수를 제곱하면 1225를 얻어 위와 밑의 면의 각 한 변에 있는 개수를 서로 곱하여 35를 얻는다. 얻은 세 수를 서로 더한다. 또 위와 밑면의 각 한 변에 있는 개수의 반의 차를 더하여 17개를 얻고 밑면의 한 변에 있는 개수를 층수로 하여 곱하면 44730개를 얻어 나뉨수로 하고 3으로 나누면 총 개수를 얻는다. (이 풀이는 윗변에 실수 1개가 있게 함으로써 사각뿔대법을 사용하여 층으로 쌓은 개수는 뿔의 개수보다 삼각평퇴의 개수 1단이 많다. 그 변은, 즉 위와 밑면의 각 한 변에 있는 개수의 차이다. 지금 입체의 개수는 마땅히 3으로 나누고 평퇴법은 마땅히 2로 나누므로 여기에 위와 밑면의 각 한 변에 있는 개수의 반의 차를 더하여 3으로 나누는 것이다.)

(분석) 해법 : 밑면의 한 변에 있는 개수를 n개라 하고, 총 개수를 S_n이라 하면

$$S_n = \frac{\left(n+\frac{1}{2}\right)n(n+1)}{3} = \frac{n(n+1)(n+2)}{6}$$ 이다.

따라서

$$S_{35} = \frac{(35+\frac{1}{2})\times 35\times(35+1)}{3} = \frac{44730}{3} = 14910.$$

별해 : 그림과 같이 사각뿔대의 밑면의 길이 c, 너비 d 그리고 윗면의 길이 a, 너비 b, 높이가 n일 때, 심괄(沈括, 1031~1095)의 극적술『몽계필담(夢溪筆談) 제18권』은 다음과 같다. $c=a+(n-1)$, $d=b+(n-1)$일 때,

$$ab+(a+1)(b+1)+(a+2)(b+2)+\cdots+cd$$
$$=\frac{n}{6}\{(2b+d)a+(2d+b)c\}+\frac{n}{6}(c-a)$$

는 n층으로 쌓은 사각타과자의 총 개수이다. 따라서 정사각뿔에서 윗면의 한 변에 1개, 밑면의 한 변에 n개가 놓여 있을 때 총 개수 S_n은 극적술에 의해

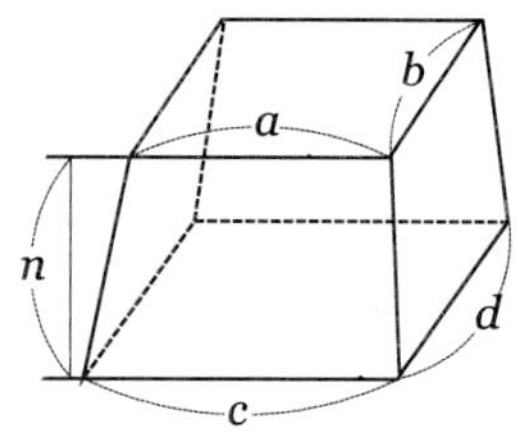

$$\begin{aligned} S_n &= \frac{n}{6}\{(2+n)\times 1+(2n+1)n\}+\frac{n}{6}(n-1) \\ &= \frac{n}{3}\left\{1^2+\frac{2\times n}{2}+n^2\right\}+\frac{n}{6}(n-1) \\ &= \frac{n}{3}\left\{1^2+(1\times n)+n^2+\left(\frac{n}{2}-\frac{1}{2}\right)\right\} \end{aligned}$$

이다. 따라서,

$$\begin{aligned} S_{35} &= \frac{35\left\{1^2+(1\times 35)+35^2+\left(\dfrac{35}{2}-\dfrac{1}{2}\right)\right\}}{3} \\ &= \frac{35(1+35+1225+17)}{3} \\ &= \frac{44730}{3} \\ &= 14910 \end{aligned}$$

問二十六

今有長方堆底邊長十八箇闊十二箇問積幾何

答曰一千一百十八箇

法以長闊較六箇折半又加半箇得三箇半以加長得二十一箇半以闊乘之再以闊加一得十三乘之得三千三百五十四箇爲實三歸得積

(長方堆卽底闊所成之四角尖堆及底闊爲邊長闊較爲厚之三角平堆共積而長闊高連乘後尖堆當三歸而得平堆當二歸而得故四角堆應加之率[10]外更加半較爲長令平堆積添半倍然後同用三歸也)

又法以長闊相減加一得七爲上長以一爲上闊乃以上長闊相乘得七又以下長闊相乘得二百十六又以上長乘下闊上闊乘下長相倂折半得五十一三數倂之又加上下長之半較五箇半得數以下闊爲層數乘之得三千三百五十四箇爲實三歸得積(此法用長堤法[11]御之而加半較之義同前問又法)

10) 가지율(加之率)은 장방퇴의 밑면 길이에 l개 , 너비에 m개를 놓았을 때, $\frac{1}{3}lm(m+1)$과 같은 계산법을 말한다.

11) 장제법(長堤法)은 부등장방체의 부피를 구하는 법이다.

문제 20.6

장방퇴의 밑변 길이에 18개 너비에 12개가 있으면 모두 몇 개인가?

답 1118개다.

풀이는 길이와 너비의 개수의 차 6개를 반으로 하고, 또 반 개를 더하면 3개 반을 얻는다. 길이를 더하여 21개 반을 얻어 너비로 곱하고, 다시 너비에 1을 더하여 13을 얻어 곱하면 3354개를 얻어 나뉨수로 하여 3으로 나누면 총 개수를 얻는다.(장방퇴 곧 밑면의 길이와 너비로 이루어진 사각첨퇴와 밑면의 길이와 너비를 변으로 하여 길이와 너비의 차를 두께로 하는 삼각평퇴와 함께 쌓은 것으로 길이, 너비, 높이를 연이어 곱한 후, 첨퇴는 마땅히 3으로 나누어 얻고, 평퇴는 마땅히 2로 나누어 얻으므로 사각퇴는 가지율(加之率)로 구하고 그 밖에 다시 길이와 너비의 차의 반을 더하여 길이로 하고 평퇴적이 되게 하여 반 배한 후에 3으로 나눈다.)

또, 다른 풀이는 길이와 너비를 서로 빼서 1을 더하여 7을 얻어 윗면의 길이로 하고 1을 윗면의 너비로 하여 이에 윗면의 길이와 너비를 서로 곱하여 7을 얻고, 또 밑면의 길이와 너비를 서로 곱하여 216을 얻는다. 또 윗면의 길이를 밑면의 너비에 곱하고 윗면의 너비와 밑면의 길이를 서로 곱하여 서로 더하고 반으로 하면 51을 얻어 이 세수를 더한다. 또 위와 밑면의 길이의 반의 차 5개 반을 더하여 얻은 수에 밑면의 너비를 층수로 하여 곱하면 3354개를 얻어 나뉨수로 하고 3으로 나누면 총 개수를 얻는다.(이 풀이법은 장제법이라 하고 반의 차를 더하는 의미는 앞의 물음에 대한 풀이와 같다.)

(분석) 『산학입문(이수신편 제22권)』 퇴적환원(堆積環源)의 부병퇴타(缶瓶堆垜)에서 "대개 한 면으로 쌓은 것을 퇴(堆)라 하고 전체를 쌓은 것을 타(垜)라고 하며 퇴타의 총 개수를 적(積)이라 하여 항상 통용된다. 여기서는 장방반퇴(長方半堆)이다. 대개 뾰족한 꼭대기가 없으면 모두 반퇴라고 한다.(凡一面曰堆 全體曰垜而堆垜之積或亦通稱此乃長方半堆也凡無尖頂者皆雲半堆)" 여기서 장방퇴는 부병퇴타와 같다.

장방퇴의 밑면의 길이에 a개, 너비에 b개를 놓고, m층까지의 총 개수를 S_m이라 하면 다음과 같다. 여기서 층수 m은 너비에 있는 개수를 말한다.

a	1	3	5	7	$\cdots$	l	$\cdots$
b	1	2	3	4	$\cdots$	m	$\cdots$
S_m	1	8	26	60	$\cdots$	$\frac{1}{3}\left(\frac{l-m}{2}+\frac{1}{2}+l\right)m(m+1)$	$\cdots$

$$S_1 = 1$$

$$S_2 = (3\times 2)+(2\times 1)=8$$

$$S_3 = (5\times 3)+(4\times 2)+(3\times 1)=26$$

$$S_4 = (7\times 4)+(6\times 3)+(5\times 2)+(4\times 1)=60$$

$$\vdots \quad \vdots$$

$$S_m = (l\times m)+(l-1)(m-1)+(l-2)(m-2)$$
$$+\cdots+(l-m+1)\times 1$$

여기서 $(l-m+1)$은 윗면의 길이에 놓인 개수이고 1은 너비에 놓인 개수이다. 즉,

$$S_m = (l-m+m)m+(l-m+m-1)(m-1)$$

$$+(l-m+m-2)(m-2)+\cdots+(l-m+1)$$
$$\times 1+\{(l-m)\times 1+1^2\}$$
$$=\{(l-m)m+m^2\}+\{(l-m)(m-1)+(m-1)^2\}$$
$$+\cdots+\{(l-m)\times 1+1^2\}$$
$$=(l-m)\{m+(m-1)+\cdots+1\}+\{m^2+(m-1)^2+\cdots+1^2\}$$
$$=(l-m)\frac{m(m+1)}{2}+\frac{m(m+1)(2m+1)}{6}$$
$$=m(m+1)\left(\frac{l-m}{2}+\frac{2m+1}{6}\right)$$
$$=\frac{m(m+1)}{3}\left\{(l-m)+\frac{l-m}{2}+m+\frac{1}{2}\right\}$$
$$=\frac{1}{3}\left(\frac{l-m}{2}+\frac{1}{2}+l\right)m(m+1)$$
$$=\frac{1}{3}lm(m+1)+\frac{1}{3}\left(\frac{l-m}{2}+\frac{1}{2}\right)m(m+1)$$

여기서 $\frac{1}{3}lm(m+1)$은 사각퇴의 가지율이고 $\frac{1}{3}\left(\frac{l-m}{2}+\frac{1}{2}\right)m(m+1)$은 삼각평퇴적이다.

해법 : 12층까지의 장방퇴의 총 개수 S_{12}는 즉,

$$S_{12}=\frac{1}{3}\left(\frac{18-12}{2}+\frac{1}{2}+18\right)\times 12\times(12+1)$$
$$=\frac{1}{3}\left(21+\frac{1}{2}\right)\times 12\times 13$$
$$=1118$$

별해 : $S_m=\frac{1}{3}\left(\frac{l-m}{2}+\frac{1}{2}+l\right)m(m+1)$

$$=\frac{m}{3}\left\{\frac{(l-m)(m+1)}{2}+\frac{m+1}{2}+l(m+1)\right\}$$

$$= \frac{m}{3}\left\{\frac{(l-m+1)m+l}{2}+lm+(l-m+1)+\frac{m-1}{2}\right\}$$

$$= \frac{m}{3}\left[\left\{(l-m+1)\times 1+lm+\frac{(l-m+1)m+(l\times 1)}{2}\right\} + \left(\frac{l}{2}-\frac{l-m+1}{2}\right)\right]$$

여기서 $\frac{m}{3}\left\{(l-m+1)\times 1+lm+\frac{(l-m+1)m+(l\times 1)}{2}\right\}$은 장제법(부등장방체의 부피계산법)에 의해 윗면의 길이가 $(l-m+1)$, 너비가 1이고, 밑면의 길이가 l, 너비와 높이가 각각 m인 부등장방체의 부피를 나타내고, $\left(\frac{l}{2}-\frac{l-m+1}{2}\right)$은 위와 밑면의 길이의 반 차를 나타낸다. 따라서

$$S_{12} = \frac{12}{3}\left[\left\{(7\times 1)+(18\times 12)+\frac{(18-12+1)\times 12+(1\times 18)}{2}\right\} + \frac{18-(18-12+1)}{2}\right]$$

$$= \frac{12}{3}\left(7+216+51+\frac{11}{2}\right)$$

$$= 279.5\times 4$$

$$= 1118$$

問二十七

今有三角半堆底邊五十五箇上邊二十七箇問積若干

答曰二萬五千九百八十四箇

法先以底邊求得尖堆又以上邊減一求得上虛尖堆相減得積

又法上邊加一以上邊乘之得七百五寸[12]六下邊加一以下邊乘之得三千八十上邊加一以下邊乘之得一千五百四十三數相併得數乃以上下邊相減加一得層數二十九以乘之得十五萬五千九百四箇爲實六歸得積

문제 20.7

삼각반퇴의 밑변에 55개, 윗변에 27개가 있으면 모두 몇 개인가?

답 25984개이다.

풀이는 먼저 밑변으로 첨퇴를 구하고, 또 윗변에서 1을 뺀 윗변에 개수 없는 첨퇴를 구하여 서로 빼면 총 개수를 얻는다.

또, 다른 풀이는 윗변에 1을 더하여 윗변을 곱하면 756을 얻고, 밑변에 1을 더하여 밑변을 곱하면 3080을 얻고, 윗변에 1을 더하여 밑변을 곱하면 1543을 얻어 이 세 수를 서로 더하여 수를 얻는다. 이에 위와 밑변을 서로 빼고 1을 더하여 층수 29를 얻어 곱하면 155904개를 얻어 나뉨수로 하여 6으로 나누면 총 개수를 얻는다.

(분석) 삼각타과자의 계산법을 이용한다. 밑변에 놓인 n개수를 층수로 하면, 삼각타과자의 총 개수 $S_n = \dfrac{n(n+1)(n+2)}{6}$ 이다. 삼각반퇴의 총 개수 S는 S_n을 이용한다. 즉, 삼각반퇴의 밑변에 n개, 윗변에 m개가 놓여 있을 때,

---

12) '寸'字는 '十'의 오자이다.

$$S = S_n - S_{m-1} = \frac{1}{6}\{n(n+1)(n+2) - (m-1)m(m+1)\}$$

이다.

해법 : $S = \frac{1}{6}(55 \times 56 \times 57 - 26 \times 27 \times 28)$

$= \frac{155904}{6}$

$= 25984$

별해 : $S = \frac{1}{6}\{n(n+1)(n+2) - (m-1)m(m+1)\}$

$= \frac{1}{6}\{m(m+1) + n(n+1) + n(m+1)\}(n - m + 1)$

로부터

$$S = \frac{1}{6}\{27 \times (27+1) + 55 \times (55+1) + 55 \times (27+1)\} \times (55 - 27 + 1)$$

$$= \frac{1}{6}(756 + 3080 + 1540) \times 29$$

$$= \frac{1}{6} \times 5376 \times 29$$

$$= \frac{1}{6} \times 155904$$

$$= 25984$$

問二十八

今有四角半堆底邊四十四箇上邊二十五箇問積若干

答曰二萬四千四百七十箇

法先以底邊求得尖堆又以上邊減一求得上虛尖堆相減得積又法上邊自乘得六百二十五下邊自乘得一千九百三十六上下邊相乘得一千一百三數相併又加上下邊之半較九箇半得數乃以上下邊相減加一得層數二十以乘之得七萬三千四百十箇爲實三歸得積」

문제 20.8

사각반퇴의 밑변에 44개, 윗변에 25개가 있으면 총 개수는 얼마인가?

답 24470개이다.

풀이는 먼저 밑변으로 첨퇴를 구하고, 또 윗변에서 1을 뺀 윗변의 개수가 없는 첨퇴를 구하여 서로 빼면 총 개수를 얻는다.

또, 다른 풀이는 윗변을 제곱하여 625를 얻고 밑변을 제곱하여 1936을 얻는다. 위와 밑변을 서로 곱하여 1100을 얻어 이 세 수를 서로 더하고, 또 위와 밑변의 반의 차 9개 반을 더하여 수를 얻는다. 이에 위와 밑변을 서로 빼고 1을 더하여 층수 25를 얻어 곱하면 73410개를 얻어 나눔수로 하여 3으로 나누면 총 개수를 얻는다.

(분석) 사각타적을 이용한다. 밑변에 놓인 n의 개수를 층수로 하면 사각타과자의 총 개수 S_n는, 즉 $S_n = \frac{1}{3}n(n+1)\left(n+\frac{1}{2}\right)$이다. 사각반퇴의 밑변에 n개, 윗변에 m개 놓여 있을 때 사각반퇴의 총 개수 S는 즉,

$$S = S_n - S_{m-1} = \frac{1}{3}\left\{n(n+1)\left(n+\frac{1}{2}\right) - (m-1)m\left(m-\frac{1}{2}\right)\right\}$$

이다.

해법 : $S=\frac{1}{3}\left\{44\times(44+1)\times\left(44+\frac{1}{2}\right)-(25-1)\times 25\right.$

$\left.\times\left(25-\frac{1}{2}\right)\right\}$

$=\frac{1}{3}(88110-14700)$

$=\frac{1}{3}\times 73410$

$=24470$

별해 : $S=\frac{1}{3}\left\{n(n+1)\left(n+\frac{1}{2}\right)-(m-1)m\left(m-\frac{1}{2}\right)\right\}$

$=\frac{1}{3}\left(m^2+n^2+mn+\frac{n-m}{2}\right)(n-m+1)$

이다. 따라서

$S=\frac{1}{3}\left(25^2+44^2+25\times 44+\frac{44-25}{2}\right)$

$\times(44-25+1)$

$=\frac{1}{3}(625+1936+1100+9.5)\times 20$

$=\frac{1}{3}\times 73410$

$=24470$

問二十九

今有長方半堆底長十二箇闊十箇上長八箇闊六箇問積幾何

答曰四百十箇

法以底長闊先求得長方全堆又以上長闊各減一求得上虛長方堆相減得積又法以上長闊相乘得四十八又以下長闊相乘得一百二十又以上長乘下闊上闊乘下長相併折半得七十六三數併之又加上下長之半較二箇得數乃以上下長相減加一得層數五以乘之得一千二百三十箇爲實三歸得積

문제 20.9

장방반퇴의 밑면의 길이에 12개, 너비에 10개가 있고 윗면의 길이에 8개, 너비에 6개 있으면 총 개수는 얼마인가?

답 410개이다.

풀이는 밑면의 길이와 너비로 먼저 장방전퇴를 구하고 또 윗면의 길이와 너비에서 각각 1을 뺀 윗면에 개수가 없는 장방퇴를 구하여 서로 빼면 총 개수를 얻는다.

또, 다른 풀이는 윗면의 길이와 너비를 서로 곱하여 48을 얻고, 또 밑면의 길이와 너비를 서로 곱하여 120을 얻는다. 또 윗면의 길이와 밑면의 너비를 곱하고 윗면의 너비와 밑면의 길이를 곱하고 서로 더하여 반으로 하면 76을 얻어 이 세 수를 더하고, 또 위와 밑면의 길이의 반의 차 2개를 더하면 수를 얻는다. 이에 위와 밑면의 길이를 서로 빼고 1을 더하여 층수 5를 얻고 곱하면 1230개를 얻어 나뉨수로 하여 3으로 나누면 총 개수를 얻는다.

(분석) 장방퇴의 계산법을 이용한다. 밑면의 길이와 너비로 한 장방전퇴의 총 개수 S_1을 구하고 윗면의 길이와 너비에 각각 1을 뺀 윗면에 개수가 없는 장방퇴의 총 개수 S_2를 빼면 장방반퇴

의 총 개수 S를 구한다. 장방반퇴의 밑면의 길이에 l개, 너비에 m개 그리고 윗면의 길이에 a개, 너비에 b개를 놓았을 때,

$$S_1 = \frac{m}{3}\left\{\frac{(l-m)(m+1)}{2}+\frac{m+1}{2}+l(m+1)\right\}$$

이고

$$S_2 = \frac{(b-1)}{3}\left[\{(a-1)-(b-1)+1\}\times 1+(a-1)(b-1)\right.$$
$$+\frac{\{(a-1)-(b-1)+1\}(b-1)+(a-1)\times 1}{2}$$
$$\left.+\left\{\frac{a-1}{2}-\frac{(a-1)-(b-1)+1}{2}\right\}\right]$$

이다.

해법 : $S_1 = \frac{10}{3}\left\{\frac{(12-10)\times(10+1)}{2}\right.$

$$\left.+\frac{10+1}{2}+12\times(10+1)\right\}$$
$$=\frac{10}{3}\left(\frac{22}{2}+\frac{11}{2}+132\right)$$
$$=495$$

$$S_2 = \frac{6-1}{3}\left[\{(8-1)-(6-1)+1\}\right.$$
$$\times 1+(8-1)(6-1)$$
$$+\frac{\{(8-1)-(6-1)+1\}\times(6-1)+(8-1)\times 1}{2}$$
$$\left.+\frac{(8-1)-\{(8-1)-(6-1)+1\}}{2}\right]$$
$$=\frac{5}{3}\left(3+35+\frac{22}{2}+\frac{4}{2}\right)$$
$$=85$$

따라서 $S=S_1-S_2=495-85=410$

별해 : 장방반퇴의 총 개수 S를 극적술에 의해 구한다. 여기서 층수 n은 $(l-a+1)$이다.

따라서

$$\begin{aligned}S&=\frac{n}{6}\{(2b+m)a+(2m+b)l\}+\frac{n}{6}(l-a)\\&=\frac{n}{3}\left(ab+lm+\frac{am+bl}{2}+\frac{l-a}{2}\right)\\&=\frac{l-a+1}{3}\left(ab+lm+\frac{am+bl}{2}+\frac{l-a}{2}\right)\end{aligned}$$

그러므로

$$\begin{aligned}S&=\frac{(12-8+1)}{3}\\&\quad\left\{8\times6+12\times10+\frac{(8\times10)+(6\times12)}{2}+\frac{12-8}{2}\right\}\\&=\frac{5}{3}\left\{48+120+\frac{80+72}{2}+2\right\}\\&=\frac{5}{3}\times246\\&=410\end{aligned}$$

참고문헌

1. 김동기, 한국수학사(한국문화사대계6권), 고려대학교출판부, 1982.
2. 김용운, 김용국 공저, 한국수학사, 열화당, 1982.
3. 김용운, 김용국 공저, 동양의 과학과 사상, 일지사, 1984.
4. 김용운, 김용국 공저, 중국수학사, 민음사, 1996.
5. 박한식, 한국수학교육사, 대한교과서주식회사, 1990.
6. 야유부시 기요시 저, 박세희 역, 중국의 수학, 현대과학신서, 1976.
7. 유휘 엮음, 김혜경, 윤주영 옮김, 구장산술, 서해문집, 1998.
8. 전상운, 과학기술사, 정음사, 1994.
9. 정지호, 고려 조선시대의 수학과 사회, 한국수학교육학회지, 수학교육, 제24권, 제2호(1986.1).
10. 정지호, 한자문화가 한국수학교육에 미친 영향, 한국수학교육학회지 시리즈A, 수학교육, 제34권, 제1호(1995.6).
11. 최길남, 박영식, 산학정의 (上-1)에 관한 연구, 울산대학교 자연과학논문집, 제9권, 제2호(2000.2).
12. 최길남, 박영식, 산학정의 (上-2)에 관한 연구, 울산대학교 자연과학논문집, 제10권, 제1호(2000.8).
13. 최길남, 박영식, 산학정의 (上-3)에 관한 연구, 울산대학교 자연과학논문집, 제11권, 제2호(2002).
14. 최길남, 박영식, 산학정의 (上-4)에 관한 연구, 울산대학교 자연과학논문집, 제14권 제1·2호(2005.2)
15. 최길남, 박영식, 산학정의 상편, UUP(2005.2).
16. 최길남, 박영식, 산학정의 (上-5)에 관한 연구, 울산대학교 자연과학논문집, 제15권, 제1·2호(2006.2).
17. 최길남, 박영식, 산학정의 (上-6)에 관한 연구, 울산대학교 자연과학논문집, 제21권 제1·2호(2012.2)
18. 최삼룡, 윤원호, 최전승, 김기현, 하우봉 공저, 이재 황윤석, 민음사, 1994.
19. 최석정 저, 한국과학사학회 편저, 구수략, 성심여자대학교출판부, 1983.

박영식(朴榮植)

- 부산대학교 대학원(이학석사)
- 영남대학교 대학원(이학박사)
- 미국 클리브랜드주립대학 객원교수
- 울산대학교 수학과 교수(1981~2013.2)
- 울산대학교 교육대학원 객원교수(2014.2)
- 현재 울산대학교 수학과 명예교수
- 저서 : 『함수론』(공저), 『수학교육과정론』(공저), 『Hilbert공간』(공저), 『수학과정특론』, 『수학교재연구 및 지도법』
- 논문 : 「Hyponormal 작용소」 외 다수

최길남(崔桔南)

- 이화여자대학교 대학원(이학석사)
- 홍익대학교 대학원(이학박사)
- 미국 빌라노바대학 객원교수
- 울산대학교 수학과 교수(1980~2013.2)
- 현재 울산대학교 수학과 명예교수
- 저서 : 『미분적분학』(공저), 『고급해석학』(공저), 『대학수학』(공저)
- 논문 : 「회귀불가해 문제에 관한 연구」 외 다수

조선시대 산학자 남병길의

산학정의(算學正義) 上

2015년 2월 10일 초판 인쇄
2015년 2월 16일 초판 발행

편　찬 / 남병길
교　정 / 이상혁
번　역 / 박영식 · 최길남
발행자 / 오판근
발행처 / 교우사

주　소 / 서울특별시 동대문구 약령시로 8 교우빌딩 2층
전　화 / 925-2861(代), 편집부 / 925-2825, 홈쇼핑 / 969-5762
팩　스 / 925-2860

E-mail / kyowoo@kyowoo.co.kr
http://www.kyowoo.co.kr

등록 / 1994. 3. 24 제6-0256호

ISBN 979-11-251-0088-1 (94410)
979-11-251-0087-4 (세트)

값 22,000원